海量数据采集与处理

HAILIANG SHUJU CAIJI YU CHULI

■ 江 成 叶堂林 张 京◎编著 ■

首都经济贸易大学出版社
Capital University of Economics and Business Press
·北 京·

图书在版编目（CIP）数据

海量数据采集与处理 / 江成，叶堂林，张京编著. 北京 ：首都经济贸易大学出版社，2025. 3. -- ISBN 978-7-5638-3849-3

Ⅰ. TP312.8

中国国家版本馆 CIP 数据核字第 20252XD676 号

海量数据采集与处理

江　成　叶堂林　张　京　编著

责任编辑　晓　地

封面设计　砚祥志远 · 激光照排 TEL：010-65976003

出版发行　首都经济贸易大学出版社

地　　址　北京市朝阳区红庙（邮编 100026）

电　　话　(010) 65976483　65065761　65071505（传真）

网　　址　http://www.sjmcb.cueb.edu.cn

经　　销　全国新华书店

照　　排　北京砚祥志远激光照排技术有限公司

印　　刷　北京九州迅驰传媒文化有限公司

成品尺寸　170 毫米×240 毫米　1/16

字　　数　209 千字

印　　张　12.75

版　　次　2025 年 3 月第 1 版

印　　次　2025 年 3 月第 1 次印刷

书　　号　ISBN 978-7-5638-3849-3

定　　价　33.00 元

总序

当前,以人工智能和大数据技术为代表的新一轮科技革命正在重塑全球的社会经济结构,“数据”是这个过程中最重要、最有活力的生产要素。如何高效发挥大数据的作用并实现其价值,成为社会各界必须面临和思考的重要问题。除实验、理论和仿真之外,新的科学研究范式——“数据科学”因此应运而生。数据科学与大数据技术同人工智能一道,将成为改变人类社会活动和推动改变世界的新引擎。

世界主要发达国家已把发展数据科学与大数据技术作为提升国家竞争力、维护国家安全的重大战略,加紧出台了规划和政策,围绕核心技术、顶尖人才、标准规范等强化部署,力图在新一轮国际科技竞争中掌握主导权。2015 年 8 月,我国国务院印发的《关于促进大数据发展行动纲要》明确了发展大数据的指导思想、发展目标和发展任务,标志着大数据正式上升为国家核心战略。同年 10 月,《中共中央关于制定国民经济和社会发展第十三个五年规划的建议》提出要“实施国家大数据战略,推进数据资源开放共享”,标志着大数据正式成为“十三五”规划的核心内容。2016 年的政府工作报告中也专门提出“促进大数据、云计算、物联网广泛应用”,这就意味着自 2014 年首次进入政府工作报告以来,大数据连续三年受到我国政府的高度关注。在党的十九大报告中,习总书记强调要推动互联网、大数据、人工智能和实体经济深度融合,在中高端消费、创新引领、绿色低碳、共享经济、现代供应链、人力资本服务等领域培育新增长点,形成新动能。2017 年,国务院印发的《新一代人工智能发展规划》中指出,要抢抓人工智能发展的重大战略机遇,构筑我国人工智能发展的先发优势,加快建设创新型国家和世界科技强国,并提出了我国人工智能发展的重点任务之一就是加快培养人工智能高端人才。然而在我国数据科学与大数据技术、人工智能领域发展过程中仍旧面临着众多制约因素。

在国务院印发的《新一代人工智能发展规划》的重点任务中，明确提出要研究统计学习基础理论、不确定性推理与决策、分布式学习与交互、隐私保护学习、小样本学习、深度强化学习、无监督学习、半监督学习、主动学习等学习理论和高效模型，并统筹布局概率统计、深度学习等人工智能范式的统一计算框架平台和人工智能创新平台。

数据科学与大数据技术是一个需要具备多方面学科知识背景并涉及多个应用领域的交叉专业。当前我国共有 280 多所高校在工学和理学学科门类中开设数据科学与大数据技术本科专业，培养掌握统计学、计算机科学、数学等主要知识、符合国家发展战略的重大需求的高级人才。相对于其他成熟的本科专业，数据科学与大数据技术人才的稀缺成为制约大数据领域发展的重要因素，是当前亟须解决的重大问题。

数据科学与大数据技术本科专业的建设实际上是一场教育革命，是受业界需求驱动形成的，其理论基础、课程体系和知识结构框架均处于探索阶段。但有一点非常明确，“实践”是学习该专业最重要、最高效的方式，这也成为本套教材——“普通高等教育数据科学与大数据技术专业‘十三五’规划教材”的编写导向。这不仅需要学生夯实统计学、应用数学以及计算机科学等学科的基础，也需要学生具备大数据所服务行业的相关知识积累和实践经验。只有掌握多学科融会贯通的能力，才能真正成为一个有思想的数据科学家。

为了探索学科人才培养模式，北京大学、中国人民大学、中国科学院大学、中央财经大学和首都经济贸易大学在 2014 年共同搭建了“大数据分析硕士”培养协同创新平台。在不断的摸索中，一套科学完整的课程体系逐渐建立起来。随后，相关课程也在全国多所院校中实施，成为我国大数据技术高端人才培养体系的蓝本。

为紧跟科学技术的发展潮流，引领中国大数据理论、技术、方法与应用，在北京大数据协会及相关机构的组织下，开展了教材编写的大量前期国内外调研工作，并于 2017 年 6 月在云南举办了“第一届全国数据科学与大数据技术本科专业建设研讨会”，展示了调研成果，为中国数据科学与大数据技术人才培养奠定了基础。为进一步厘清该专业的培养方案和课程内容建设的目标和路径，从培养方案、课程体系、培养过程、教材建设等方面深入交流探讨，于 2019 年 5 月在北京召开了“第二届全国数据科学与大数据技术本科专业建设研讨会”，会上正式发布了本套系列教材。

本套教材凝聚了全国相关院校数据科学与大数据技术领域著名专家和学者的智慧和力量。在教材编写过程中更加关注的是数据分析思想的引导，体现数据分析的艺术，侧重于从数据和案例出发，厘清数据分析的基本思路，这样能够让读者更好地理解各种假设、公式、定理和模型背后的逻辑。为了结合现实需求，每本教材均配套相关的 Python 编程代码，让读者在练中学、学中练的过程中夯实基础，积累经验，提升竞争力。尽管编写人员投入了大量的心血，但教材内容还需不断突破和完善，希望能够得到各位专家和同行的批评指正，共同实现此套教材满足教学需求的编写宗旨。

本套系列教材是集体创作的成果。感谢编委会成员和其他编写人员的辛勤付出，以及北京大学出版社和首都经济贸易大学出版社的大力支持。希望此套教材能对广大教师和学生及各数据科学领域的从业人员具有重要的参考价值。

北京大数据协会会长

纪宏

2019 年 9 月

前言

当 ChatGPT 凭借数千亿 token 的语料库实现对话革命，当 AlphaFold2 通过数百万蛋白质序列破解生命密码，我们清晰地看到——数据的质与量，直接决定了智能的高度。数据——这一智能时代的“石油”，不仅是 AI 模型的重要“燃料”，更是驱动决策、优化流程、发现规律的核心要素。然而，面对互联网每天产生的数十亿 GB 数据，如何高效采集、精准处理并从中提炼价值，已成为每个从业者必须掌握的核心技能。

本书的编写立足于这一时代背景，旨在为读者构建一条从数据采集到处理的完整技术链路。在人工智能与大数据深度融合的今天，数据的价值不再局限于“量”的积累，更在于“质”的筛选与“用”的智慧。无论是训练一个精准的深度学习模型，还是构建一个实时数据分析系统，都需要跨越三大门槛：如何高效采集有用的数据、如何清洗与转换原始数据、如何存储与分析海量数据。这些挑战的应对，正是本书的核心使命。

全书分为上、下两篇，共 9 章，遵循“工具实践—原理深入—综合应用”的渐进式学习路径。上篇为数据采集基础（第 1~4 章），从数据科学的基础出发，系统讲解 Python 生态中数据采集的核心工具链。通过 Numpy 的高性能数组计算与 Pandas 的灵活数据结构，读者将掌握多维数据操作、时间序列分析与高效数据清洗的实战技巧。此部分特别强调“代码即工具”的理念，结合 Jupyter Notebook 的交互式环境，帮助读者快速构建数据处理的原型能力。下篇为数据采集实战应用（第 5~9 章）。此部分深入数据采集的底层逻辑，剖析网络爬虫的工作原理与反爬机制。通过 requests、BeautifulSoup、Scrapy 等工具的实战演练，读者将习得静态/动态页面的采集策略、分布式爬虫架构设计以及数据存储优化方案。最终通过多个综合案例实战，呈现从数据获取到价值挖掘的完整闭环。

本书的出版得到国家社会科学基金项目(项目编号:24BJL045)的资助。在本书的编写过程中,参阅了 Python 数据采集与分析的相关书籍、网上的一些资料和一些在线学习平台的课程,在此向这些文献资料的作者及团队表示感谢。

最后,特别感谢首都经济贸易大学出版社的大力支持,使得本书得以顺利出版。

由于编者水平有限,书中难免有疏漏之处,敬请读者批评指正。

目 录

上篇 数据采集基础

下篇　数据采集实战应用

上篇

数据采集基础

1　数据的采集与处理概述

学习目标

1. 了解大数据的概念与特点；

2. 掌握数据采集的基本过程与原理；

3. 了解数据预处理技术。

随着大数据时代的汹涌而至，人类的生活方式、工作模式乃至思维范式，正经历着一场前所未有的深刻转型，人们愈发深刻地领悟到“数据主宰一切”的至理名言。大数据与各行各业的深度融合与广泛应用已成为科研探索的热门焦点。然而，这些结合与应用的顺利落地，主要得益于前期数据源的采集与处理。据统计，数据的采集与处理环节在整个大数据应用流程中占据了约 70%的工作量，能否准确无误地采集到所需数据，并对其进行科学有效的预处理，直接关乎后续数据分析结果的精确性与可靠性。因此，从理性的技术链条视角看，数据采集与处理无疑是大数据技术体系中最为关键的一环，其地位不可撼动。

1.1　大数据技术概述

1965 年，英特尔创始人戈登・摩尔（Gordon Moore）提出了著名的摩尔定律：当价格不变时，集成电路上可容纳的晶体管数目，每隔约 18 个月将增加 1 倍，性能也将提升 1 倍。在过去的几十年里，摩尔定律印证了信息技术的飞跃发展，使得计算机有能力处理日益增长的庞大数据。据国际电信联盟发布的《2024 年事实与数据》报告，预计到 2024 年底，全球互联网用户数量将达到 55 亿，导致互联网每天产生的数据可以刻录 10.6 亿张 DVD 光盘；与此同时，全球电子邮件的传输速度同样令人瞠目——每秒即有 290 万封邮件穿梭于虚拟世界,若以每分钟阅读一封的速度计算,源源不断的邮件洪流,足以支撑一位读者不眠不休地连续阅读超过 5 年半的时间。

特别的,在 Web2.0 时代,每个人不仅是数据的接收者,同时也是数据的产生者。这些数据包括了数值数据、文字数据、音频数据、图像数据和视频数据等类型。随着数据量越来越大,数据类型越来越多,数据结构越来越复杂,传统的数据库管理系统已经不能按传统处理模式对其进行处理,亟须新的技术解决方案。在此背景下,“大数据”概念应运而生。

“大数据”的概念,是 2008 年 9 月由美国《自然》(Nature)杂志在专刊——The next Google 中正式提出的。随后,2011 年 2 月,《科学》(Science)杂志在专刊——Dealing with Data 中,首次综合分析了大数据对人们生活造成的影响,并详细描述了人类面临的数据困境问题。直到 2011 年 5 月,麦肯锡研究院在 Big data: The next frontier for innovation, competition, and productivity 报告中,率先为大数据给出了相对清晰的定义,即大数据是指其大小超过了常规数据库工具的获取、存储、管理和分析能力的数据集合。

目前,学界、工业界和政府组织对“大数据”概念的定义尚未统一,但工业界公认的大数据具有规模性(volume)、多样性(variety)、高速性(velocity)和低密度价值性(value)“4V”特征。研究机构高德纳(Gartner)近期给出了大数据的最新定义,即需要新处理模式才能具有更强的决策力、洞察发现力和流程优化力的海量、高增长率和多样化的信息资产。

规模性:体量大是大数据的主要特征。2017 年,国际数据公司(IDC)在发布的《数据时代 2025》白皮书中指出,未来数据的增长速度惊人,预计 2025 年全球的数据量将达到 163 ZB,是当前的 10 倍之多。其中,1 ZB = 1 024 EB = 1 048 576 PB,1 PB = 1 024 TB = 1 048 576 GB。图 1-1 展示了国际数据公司报告对全球数据总量的分析和预测。

多样性:与传统数据相比,大数据的来源广,维度和类型多,不仅包含数字、符号、文本类型的数据,也包含网络日志、音频、视频、图片和地理位置等数据。

高速性:这里的速度快是指数据增长的速度快,同时也指数据的处理速度快。

低密度价值性:是指大数据具有低密度价值的特征。虽然大数据存在巨大

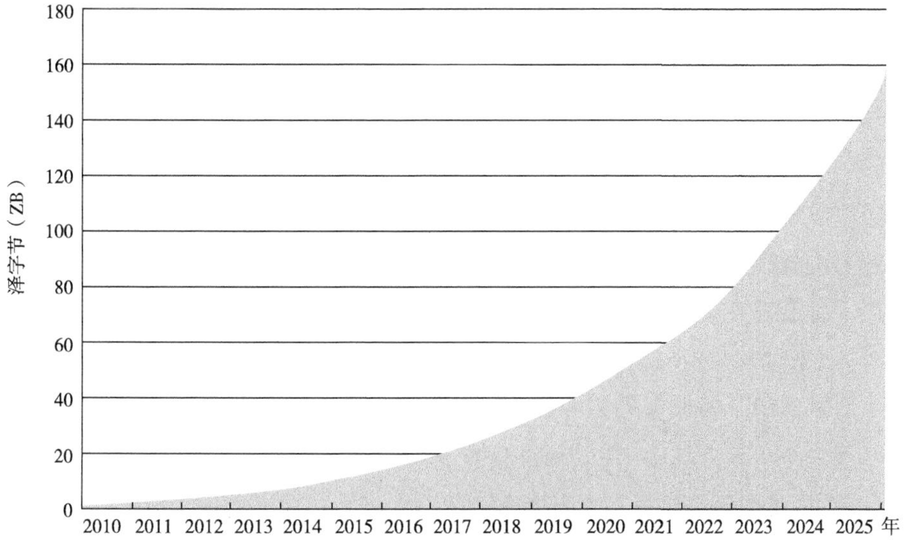

图 1-1 国际数据公司报告中对全球数据总量的分析和预测

的潜在价值，但与呈几何指数的爆发式增长相比，某一数据的价值密度较低。

随着信息技术的飞速发展，数据的复杂程度越来越高，使得大数据的内涵发生了较为丰富的变化，大数据的特征也由传统的“4V”向“5V”“6V”，甚至“7V”“8V”更高维度演变。其中，大数据的“5V”特征增加了“准确性（veracity）”的维度，强调大数据的有效性必须建立在数据的真实准确基础上；大数据的“6V”又增加了“动态性（vitality）”的特征，强调大数据随时间的动态变化；大数据的“7V”是在“6V”的基础上增加了“可视化（visualization）”的特征，强调大数据的显性化展示功能，使得大数据能够更为直观地为人们感受；在此基础上，大数据的“8V”特征额外增加了“合法化（validity）”，强调大数据采集技术和应用的合法性，特别是不能滥用大数据技术采集涉密或涉及个人隐私的数据。

当前，大数据技术已成为支撑全球数据迅猛增长的关键力量。接下来，我们将深入大数据的处理全链条，介绍相关技术。这一过程主要涵盖大数据的数据采集、数据存储、数据处理、数据分析以及数据可视化等核心模块。

1.1.1 数据采集

大数据的数据来源有多种渠道,主要包括各种数据采集器、数据库、开源的数据集、GPS数据、网络痕迹数据、传感器获取的数据、用户保存或上传的数据等结构化或非结构的数据,非常广泛。因此,大数据的采集通常采用多个数据库接收终端数据,包括传感器端、智能硬件端、网页端、App应用程序端等。数据的采集方式主要包括数据爬虫、数据导入、设备录入等。数据爬虫是比较常用的一种数据采集方式。

(1)数据爬虫:指通过编写程序从特定的网络资源中自动提取相关信息,并录入数据库的一种数据采集方式。数据爬虫主要分为获取网页、提取信息和保存数据三个步骤。其中,获取网页是指通过爬虫规则的设定,快速获取所需的网址信息;提取信息是通过分析网页源代码,将网页中非结构化的数据结构化的过程;保存数据是将所采集的数据根据其独特的数据特征妥善存储于适宜的数据库中,这一步骤是为了确保数据能够被有效地保留并便于后续的分析处理。

(2)数据导入:指将数据源导入数据库中,通常支持的数据源包括数据库、数据库文件、Xml文本、Excel表格、文本文件等。

(3)设备录入:指通过传感器,将收集到的数据,通过传输介质进行传输录入的过程。

此外,常用的语言环境及平台工作工具主要包括Python、Chukwa、Flume、Kafka等。

1.1.2 数据存储

大数据的存储形式多种多样,以适应不同类型和规模的数据需求。大数据的存储不仅局限于传统的存储方式,而且根据数据的特性和应用场景,选择了多种存储形式。这些存储形式既包括简单的文本文件格式,也涵盖了复杂的关系型和非关系型数据库。文本文件格式是大数据存储中最基础、最直接的形式,如txt、json、csv。关系型数据库如MySQL,是大数据存储中较为常见的一种方式。非关系型数据库如MongoDB、Redis等NoSQL(Not Only SQL)数据库,是针对大数据存储的另一种重要选择。此外,大数据存储技术通常利用分布式架构、并行处理和高级数据压缩等手段,以实现对 PB 级甚至 EB 级数据的存储、查询和分析。

1.1.3 数据处理

通过数据采集得到的原生数据,往往因包含噪声、缺失数据、异常数据等被称为“脏数据”。根据数据处理过程中数据质量的重要性,即“垃圾进垃圾出”(Garbage In Garbage Out,GIGO)原则,即输入的是垃圾,输出的也必然是垃圾,我们需要对采集到的原生数据进行处理,提高采集数据的质量,才能进行后续分析并提供决策支持。数据的处理主要包括数据清洗、数据集成、数据变换和数据规约等。

(1)数据清洗主要是去除噪声数据、异常数据、冗余数据,并对缺失数据进行填充,对错误数据进行纠正的过程,使得采集到的数据格式标准化。

(2)数据集成是将多个数据源获得的数据进行融合,统一存储并建立数据仓库的过程。

(3)数据变换是指通过数据平滑聚集、数据概化、数据规范化等操作,将数据转换成适合分析的数据形式。

(4)数据规约是指在尽可能保持数据原貌的前提下,通过特征提取,最大限度地精简数据量的过程。

1.1.4 数据分析

数据分析主要是通过数据建立分类、聚类、关联、预测等模型,得到数据的特定模式和趋势特征。

(1)分类是指根据数据集的特点,将未知类别的数据样本映射到给定的类别中。

(2)聚类是指将数据集内具有相似特征属性的数据集聚集在一起,同一个数据群中的数据特征要尽可能相似,不同数据群中的数据特征要有明显区别。

(3)关联是指从数据中找到一些数据项与另一些数据项之间的联系规则。

(4)预测本质上是寻找数据集在时间上过去与未来的关联规则,并基于所挖掘的关联规则对未来时间点属性进行预测。

1.1.5 数据可视化

数据可视化,主要是指利用图表图像处理、计算机视觉技术和人机交互,通过表达、建模,以及对立体、表面、属性及动画的显示,对数据加以可视化的解释。数据可视化的工具包括 Excel、Processing、NodeXL、ECharts 和 Gephi 等。

1.2 数据采集概述

数据采集是指从互联网上自动获取数据的过程。自互联网诞生以来,数据采集就应运而生。在过去几十年里,根据人们在实践过程中对数据采集的理解,把数据采集称为屏幕爬虫、网络爬虫、网络捕获或者类似的名称。本书中,为了规范起见,我们使用术语数据采集。

数据采集作为大数据技术框架流程的入口,具有非常重要的作用。获取不到需求的数据,就如同无源之水、无本之木,后续的数据分析、数据可视化都无从谈起。人们经常获取数据的方法是通过浏览器浏览网页,从网页中获取所需要的数据。但这种方式的效率比数据采集的方式低很多。如果通过程序实现自动的数据采集,则不局限于对一个浏览器窗口的访问,而是可以一次访问几千甚至几百万的网站数据,所以有人把数据采集比喻成懒人获取数据的一种方式。

当前,在大数据时代背景下,很多行业都在尝试通过数据采集获取大数据并结合行业背景进行数据分析和决策支持,比如,基于金融大数据的股价预测分析,基于市场大数据的销售预测,基于天气大数据的天气预报,基于新闻大数据的舆情分析,基于医疗大数据的医疗诊断,等等。数据也正逐步成为一些企业的核心竞争力。从世界范围看,国内外一些以数据搜集为产品的公司正日益成长起来。

数据采集过程按发生顺序主要包括:①从一个网站域名获取 Html 数据。②将 Html 数据解析为目标数据。③将数据进行处理和存储。④转到下一个网页并重复这个过程。因此,数据采集主要涉及数据库、Web 服务器、Http 协议、Html、网络安全、图像处理、数据科学等知识。数据采集因涉及的内容多、工作量大,常让人觉得难度大,进而望而却步。此外,一些人也存在一些对数据采集的理解偏差或困惑。比如,一些人不确定数据采集是否合法,或者如何处理JavaScript网页和需要登录许可的网页,抑或不知道如何启动一个数据采集项目,甚至不知道数据该从哪里采集。本书将逐一解答这些偏差或困惑。

1.3 数据处理技术概述

由于标点符号错误、大小写不一致、换行符或拼写错误等原因,数据采集得到的数据存在着错误或异常的噪声,导致不方便用数据库二维逻辑表存储表示,并且和我们期望获得的数据存在偏差。此外,数据采集得到的数据类型往往是多样的且非结构化的。一方面数据类型可能包括数值型、文本型、图片和视频等网页数据;另一方面采集到的数据的结构不规则、不完整。因此,一定要用科学的方法实现数据处理。

数据处理工作,在大数据技术框架流程中占据重要的地位,且需要消耗大量的时间和精力。数据处理不得当,会给后续数据分析造成很多不必要的麻烦,严重时还可能得到错误的分析结果,事倍功半。因此,能否通过数据处理获取正确数据,常关系到数据的分析和决策是否存在偏差,甚至对最终决策起到关键作用。所以,数据处理是非常重要的环节。

总体看,数据处理主要涉及数据的编码、数据的清洗和预处理环节。特别的,现实数据采集获取的数据常包含大量的文本数据,而文本数据的编码是比较令人头疼的问题。数据清洗主要包含缺失数据、异常数据和冗余数据的检测和处理。数据预处理则是对数据分组、分割、合并、变形、转换、替换和删除等的操作。

1.4 Python数据采集和处理技术

如果有人问如何才能复制出一个像谷歌这样的著名搜索引擎公司,那么答案包括两个步骤:第一,购买性能足够高的服务器;第二,编写数据采集程序。谷歌公司最早的雏形,就是由斯坦福大学两名学生购买一台服务器和编写Python数据采集程序实现的。

作为当今主要编程语言之一的Python,是一种高级的多用途的编程语言,广泛地应用于各种技术和非技术领域，如人工智能、金融计算、管理决策等。Python 的优点包括内置数据高效采集和处理的库函数，可以直接通过调用编写程序；内置丰富的处理接口，可以采集多种类型的数据并处理。总体说，Python 具有开放源代码、解释型、多重范型、跨平台、多用途、动态类型、缩进感知和垃圾收集等特征。

1.4.1 开放源代码

Python 及其支持的库和工具多是开源的，通常使用相当灵活和开放的许可证，开源意味着使用免费，Python 拥有一个大型活跃的科学社区用于访问软件的源代码，并且可以根据用户的需求进行持续的开发和升级。

1.4.2 解释型

Python 内置有 CPython，在其运行时，能够将 Python 源码编译为更低级的一种字节码形式，并在虚拟机中执行。与编译型语言 Java 相比，Java 程序在运行前需要将其源代码文件（以. java 为扩展名）编译为字节码文件（以. class 为扩展名），而 Python 在编译时自动编译且不需要显示调用，因而 Python 被称为解释型语言。

1.4.3 多重范型

Python 支持多种类型的编程和范型，如面向过程编程、面向对象编程以及命令式、函数式编程等。

1.4.4 跨平台

Python 适用于 Windows、Linux/Unix、MacOS 等大部分主流操作系统。这个跨平台的优点是可以在任何地方快速应用 Python。Python 可以用于开发桌面应用和 Web 应用，其既可以运行在小型设备终端上，也可以在大型服务器上使用。

1.4.5 多用途

Python 适用于快速、交互式的程序开发，以及大型应用程序的开发。因此，

Python 语言主要应用于桌面或 Web 开发，对于底层应用则相对使用较少；Python 可以被广泛地应用于各个领域，例如，Python 可以通过 Django 框架用于 Web 编程，并且可以与 Java、C 和 R 语言具有互操作性。这是很多大型组织选择 Python 的主要原因。

1.4.6 动态类型

Python 中的数据类型通常在运行时生成。这一点与大部分编译语言需要提前声明明显不同。

1.4.7 缩进感知

Python 使用缩进标记代码块，避免了圆括号、方括号、分号或花括号的使用。

1.4.8 垃圾收集

Python 具有自动回收垃圾的机制。

正如 1.2 节描述的，数据采集涉及网络、安全、通信等方面的知识，如果我们自己掌握各个部分的原理，并且编写完整的程序，会花费大量精力和时间。而 Python 具有很好的封装性，如果我们使用 Python 工具，就能够使我们集中精力完成业务数据需求，而不必在意其他技术细节。因此，Python 是海量数据采集和处理的首选工具。

比如，如果我们不依赖外部工具独立完成数据采集，首先要编写 Web 解析过程。假如甲拥有一台 Web 服务器，乙拥有一台笔记本电脑，并且试图访问甲的服务器。一个典型的 Web 解析过程有七步。

(1)用户乙向服务器甲发起通信时，会发送 0,1 数据比特流。这些比特流在网线上是通过高电压、低电压表示的。这些比特数据承载着丰富的信息，其中，包括头文件和主体文件。头文件包含了乙本地路由器的 MAC 地址作为直接目的地，以及服务器甲的 IP 地址作为最终目的地，而主体文件则承载着乙向服务器甲发出的应用请求。

(2)乙的路由器接收到这些 0,1 比特数据流后，会将它们封装成数据包。在该数据包中，寄件方的 MAC 地址为乙的 MAC 地址，目的地的 IP 地址为甲的

IP 地址。同时，路由器会附上自己的 IP 地址，将这个数据包发送到互联网上。这样的数据包在网络中成为一个独立的信息单元，携带着从乙到甲的请求信息，在网络世界中开始它的传输之旅。

(3) 乙的数据包在网络中传输，会经过多个中转站。这些中转站依据网络协议和路由算法，引导数据包通过物理网线，逐步向服务器甲靠近，最终到达服务器甲。

(4) 服务器甲在其 IP 地址上接收到来自乙的数据包。这一过程需要网络的精准寻址和路由，确保数据包能够准确无误地到达目的地。

(5) 服务器甲收到数据包后，会从数据包的头文件中读取端口地址，根据该端口地址将数据包传输到相应的应用程序。例如，对于常见的 Web 服务器应用，通常使用 80 端口。这是 HTTP 协议的默认端口，因此数据将被传递到相应的 Web 服务器应用程序。

(6) Web 服务器应用程序接收到从服务器传来的数据后，开始对其进行处理。如果该数据流是对服务器甲网页首页的访问请求，Web 服务器会识别出这一请求，并进行相应的操作。

(7) Web 服务器会根据请求锁定对应的 Html 网页，将该网页信息打包成一个新的数据包。随后，这个数据包会通过服务器甲的路由器，以与乙发送数据包相同的方式，从相应端口返回给用户乙。

需要注意的是，上述过程仅为一次简单的网络数据传输过程，而我们所熟知的“三次握手”是 TCP 协议在建立连接时的一种机制。它发生在客户端和服务器端开始数据传输之前，主要目的是为了确保双方都做好了数据传输的准备，并建立可靠的连接。其具体过程是：首先，客户端向服务器发送一个带有 SYN(同步)标志的 TCP 数据包，服务器收到后回复一个带有 SYN 和 ACK(确认)标志的数据包，最后客户端再向服务器发送一个带有确认标志的数据包，经过这样三次信息交换，双方建立起一个稳定的 TCP 连接，然后才开始真正的数据传输过程。此过程与上述的 Web 数据解析过程紧密配合，为网络通信的可靠性和有序性提供了保障。

这样，通过一系列的网络操作和协议遵循，用户乙和服务器甲完成了一次完整的互联网通信，实现了信息的请求与响应。

试想一下，独立完成这个 Web 解析的过程应该是非常复杂的，但如果使用

Python 工具,其内置 Web 解析库 urllib,可以使用三段语句,实现请求过程的解析。

```
from urllib.request import urlopen  #导入 urllib.request 模块中的 urlopen 函数
html=urlopen('http://www.python.org')  #定义目标网站的 URL
print(html.read())  #读取从服务器接收到的所有数据(字节流)
```

本章习题

1. 什么是“大数据”,其特征有哪些(简述从“4V”特征到“8V”特征的演变)?

2. 简述大数据的处理全链条过程中主要的核心模块。

3. 什么是摩尔定律?

4. 大数据的技术主要包括哪些?

5. 简述 Python 的主要特点。

6. 常用的数据采集工具有哪些?

2 Python 数据采集与处理环境

学习目标

1. 了解 Python 的安装与编译环境；
2. 了解 Python 数据采集常用库的安装；
3. 掌握 Python 的基本语法。

Python 是开源、通用的高级编程工具，已经有 30 多年的应用历史。与其他编程语言相比，Python 具有使用免费且不断升级、语法简单且可用于接近复杂定量计算的优点，被广泛应用于金融、计量经济学、数据科学、机器学习等领域，以解决实际问题，因此是数据采集的重要工具。自 2008 年以来，Python 已有 Python2 和 Python3 两个维护版本，两者一直并行使用。尽管未来的趋势是 Python3，但目前仍有一部分金融科学家和数学科学家在使用 Python2，因为这个领域里大多数的文献所使用的代码是 Python2。Python2 和 Python3 只有一些细微上的语法区别，如以输出函数 print 为例，Python2 的语法是 print "hello world"，而 Python3 对应的语法则是 print("hello world")。

2.1 Python 的安装

"工欲善其事，必先利其器"。在利用 Python 进行数据采集之前，首先要安装 Python 及配置环境。Python 可以安装在不同的操作系统平台上，具有良好的跨平台性，下面我们介绍 Python 在不同操作系统下的安装过程。

2.1.1 Windows 下的安装

Python 的安装包可以从其官方网址下载。目前，Python 有多种维护版本，本书所采用的版本为 Python3. 7. 1,下载网址为 https://www. python. org/downloads/release/python-371。其下面包含适用于 Windows、Linux/Unix、MaxOS 以及其他操作系统的版本的文字链接,如图 2-1 所示。注意:3. 7. 1 版本为作者编写本教材时的情况,实际的 Python 最新版本以官方网址为准。

Files

Version	Operating System	Description	MD5 Sum	File Size	GPG
Gzipped source tarball	Source release		99f78ecbfc766ea449c4d9e7eda19e83	22802018	SIG
XZ compressed source tarball	Source release		0a57e9022c07fad3dadb2eef58568edb	16960060	SIG
macOS 64-bit/32-bit installer	Mac OS X	for Mac OS X 10.6 and later	ac6630338b53b9e5b9dbb1bc2390a21e	34360623	SIG
macOS 64-bit installer	Mac OS X	for OS X 10.9 and later	b69d52f22e73e1fe37322337eb199a53	27725111	SIG
Windows help file	Windows		b5ca69aa44aa46cdb8cf2b527d699740	8534435	SIG
Windows x86-64 embeddable zip file	Windows	for AMD64/EM64T/x64	74f919be8add2749e73d2d91eb6d1da5	6879900	SIG
Windows x86-64 executable installer	Windows	for AMD64/EM64T/x64	4c9fd65b437ad393532e57f15ce832bc	26260496	SIG
Windows x86-64 web-based installer	Windows	for AMD64/EM64T/x64	6d866305db7e3d523ae0eb252ebd9407	1333960	SIG
Windows x86 embeddable zip file	Windows		aa4188ea480a64a3ea87e72e09f4c097	6377805	SIG
Windows x86 executable installer	Windows		da24541f28e4cc133c53f0638459993c	25537464	SIG
Windows x86 web-based installer	Windows		20b163041935862876433708819c97db	1297224	SIG

图 2-1　Python3. 7. 1 版本下载页面

以 64 位版本系统为例,下载对应的 Windows x86-64 executable installer,(值得注意的是,在 Windows 平台下安装 Python,需要在 Python2 或 Python3,32 位操作系统或 64 位操作系统之间选择),下载完成后,双击安装包运行文件,然后通过图形界面安装即可(见图 2-2、图 2-3)。

图 2-2　Python3. 7. 1 安装图形界面

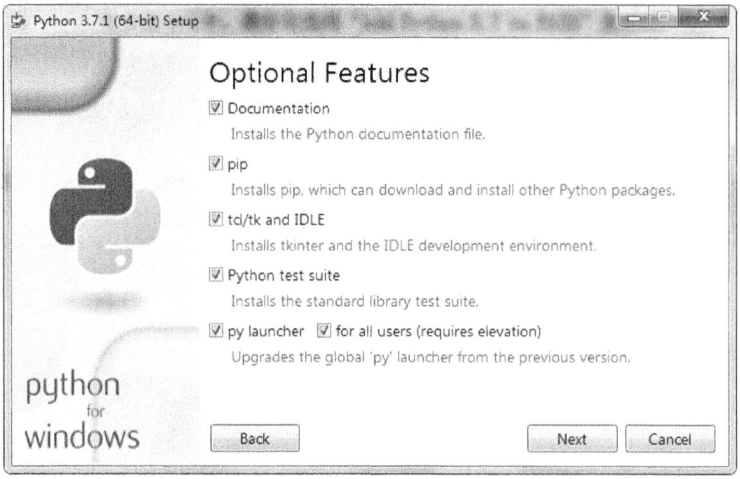

图 2-3　Python3. 7. 1 安装图形界面

在安装过程中，最好勾选“Add Python 3. 7 to PATH”复选框，这个选项用于将 Python3. 7 加入系统路径，避免了手动配置系统环境变量添加路径所带来的麻烦。这里，可以选择自定义的安装模式“Customize installation”，然后选择默认设置安装即可。

安装结束后，调出命令提示符，输入“Python”，检查安装是否成功。如果安装成功，则可以看到 Python 的版本信息，如图 2-4 所示。

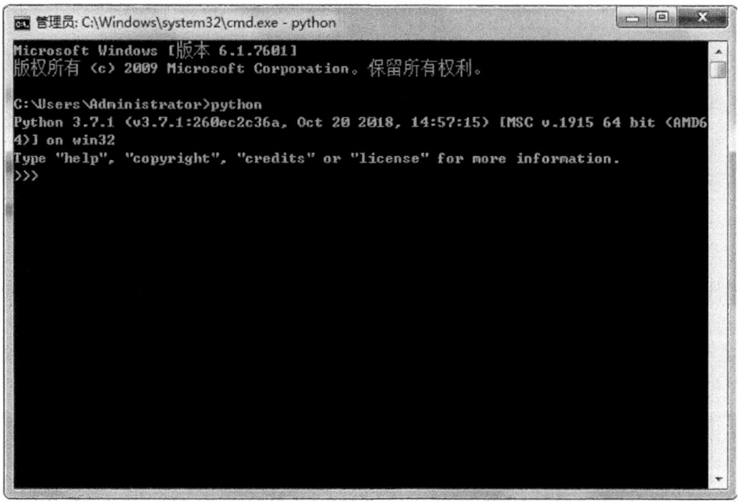

图 2-4　Python 3. 7. 1 安装成功界面

2.1.2 Linux 下的安装

Linux 下的安装方式有多种,包括命令行安装、Anaconda 安装和源码安装。这里我们主要介绍源码安装。Python 的源码下载地址为 https://www.python.org/ftp/python/,用户可以根据自己电脑的配置选择下载安装对应的版本。

步骤 1:设置安装路径为/usr/local/python3。

步骤 2:通过下面语句创建安装目录。

```
sudo mkdir /usr/local/python3
```

步骤 3:下载安装包并进行解压。

```
wget --no-check-certificate https://www.python.org/ftp/python/3.7.1/Python-3.7.1.tgz
tar -xzvf Python-3.7.1.tgz
cd Python-3.7.1
```

步骤 4:进行编译安装。

```
sudo ./configure --prefix=/usr/local/python3
sudo make
sudo make install
```

步骤 5:安装完成之后,创建 Python 链接。

```
sudo ln -s /usr/local/python3/bin/python3 /usr/bin/python3
```

2.1.3 Mac 下的安装

在 Python 的官方网站上下载 Python 在 MacOS 系统下的安装包。下载完成后,打开安装包按照提示安装即可。除此之外,Mac 下还可以利用 Homebrew、Ananconda 等进行安装,这里不再赘述。

2.2 集成开发器环境（IDE）介绍

2018 年,著名的数据科学博客网站 KDnuggets 发布了最好用的 Python 集成编译环境的调查问卷,学界、政府、企业等人群通过投票,选出了当前最为流行的几种 Python 编译器。排名从高到低依次为 Jupyter、Pycharm、Spyder、Visual Studio Code、Sublime Text、Atom、Vim、Eclipse、Emacs、Gedit 和 Rodeo。

其中,Jupyter 是一款交互式开源集成编译器,支持实时代码、数学公式、可视化等,可用于数据清洗和变换、数值模拟、统计建模、数据可视化和机器学习等。

Pycharm 是目前非常受欢迎的 Python 编译器,具有语法高亮、智能提示、单元测试、版本控制等集成编译器常用功能。此外,还支持 Django 开发和 Google App Engine。

Spyder 与数值计算主流软件 Matlab 的界面风格很相似,因此可以对数组的值进行方便有效的管理。Spyder 还可以启动标准的 Python 提示符会话。

Visual Studio Code 是微软公司推出的可以跨平台的代码编辑器,支持 Python 的集成编译。

Sublime Text 是开发者社区中非常受欢迎的一款 Python 编译环境器,能提供包管理器,提升编程效率。但 Sublime Text 的缺点是需要付费,没有开源。

Atom 是一款跨平台的文本编辑器,具备各种流行编辑器的主要功能,非常丰富。

Vim 是一款高级文本编辑器,经常用在 Unix 系统中,因此,使 Python 编辑环境具有天然优势,学习门槛低。

Eclipse 是面向对象语言 Java 的主流编辑器,但其同时推出了 Pydev 插件,使得 Eclipse 能够很好地支持 Python 的集成编译。

Emacs 与 Vim 类似,是一款文本编辑器,具有可扩展、自定义的特性。

Gedit 是 Linux 系统下常用的文本编辑器,因此也可以用作为 Python 的编译环境。

Rodeo 是一个轻量级的 Python 编译器,具有使用简单、交互性好的特点。

2.2.1 Anaconda 的安装

Anaconda 是一个开源的集成开发环境,其优点在于集成了 Python 和许多基础的库,省去了许多复杂的配置过程,适用于统计和机器学习的业务场景。具体来说,安装 Anaconda 的同时,不仅会安装 Python,还会安装 Jupyter Notebook,以及科学计算工具包。

Anaconda 可以从其官方网站 http://www. anaconda. com/products/individual/下载。其包括了 Windows、MacOS 和 Linux 不同操作系统下的安装版本。在 Window 操作平台下,包含适合 Python3. 7 和 Python2. 7 的两种版本(建议优先选择 Python3. 7 或更高版本),并且每种版本下默认包含 64 位和 32 位的版本,可以根据机器的具体配置进行定制。通过单击"Download"按钮下的文字链接,可以下载对应的安装版本。注意:使用 Anaconda 工具安装后即可运行,不需要提前安装 Python。下面,我们以 Windows 下的版本为例介绍 Anaconda 的安装步骤,如图 2-5 所示。MacOS 和 Linux 操作系统下的安装过程与之类似。

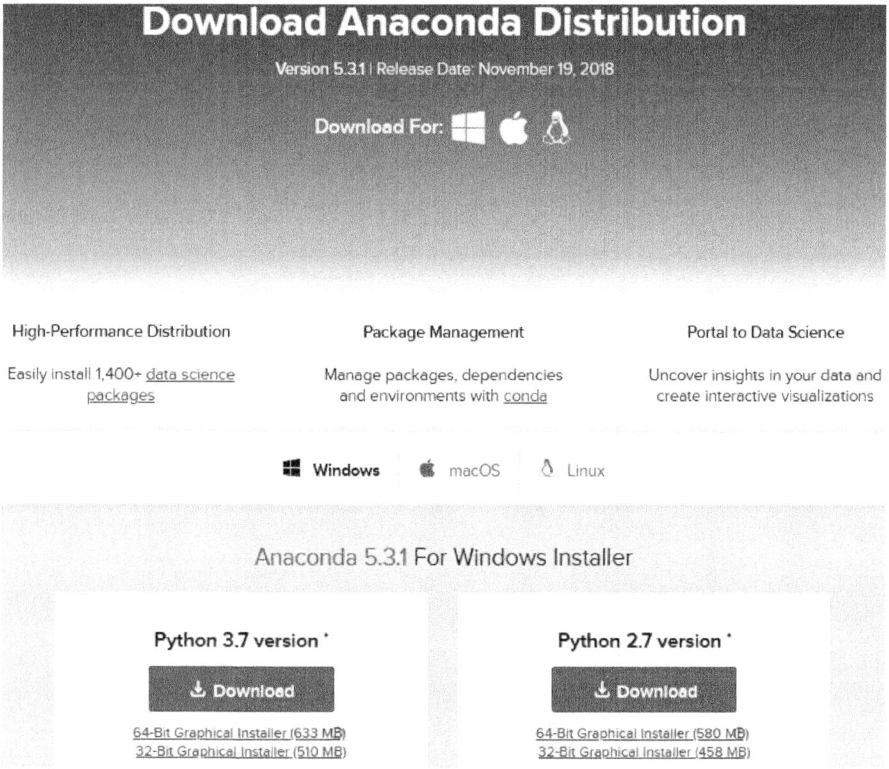

图 2-5 Anaconda 官网多种操作系统下载版本

2.2.2 Pycharm 的安装

Pycharm 是由捷克公司 JetBrains 打造的一款专门用于 Python 的集成开发

环境器。JetBrains 以编辑器的开发而出名，除了 Pycharm，其他为人熟知的产品还包括 Java 编辑器 IntelliJ IDEA。Pycharm 是一款功能强大的 IDE，既具有普通编辑器的功能，如调试、高亮、提示、测试等，还具备支持 Google App Engine 和 IronPython 的功能。Pycharm 可以显著地提高开发者的编程效率。

Pycharm 软件可以从 JetBrains 公司官网 https://www.jetbrains.com/pycharm/下载。Pycharm 分为专业版本和社区版本。这两个版本在功能支持上具有一些差别，如图 2-6 所示。

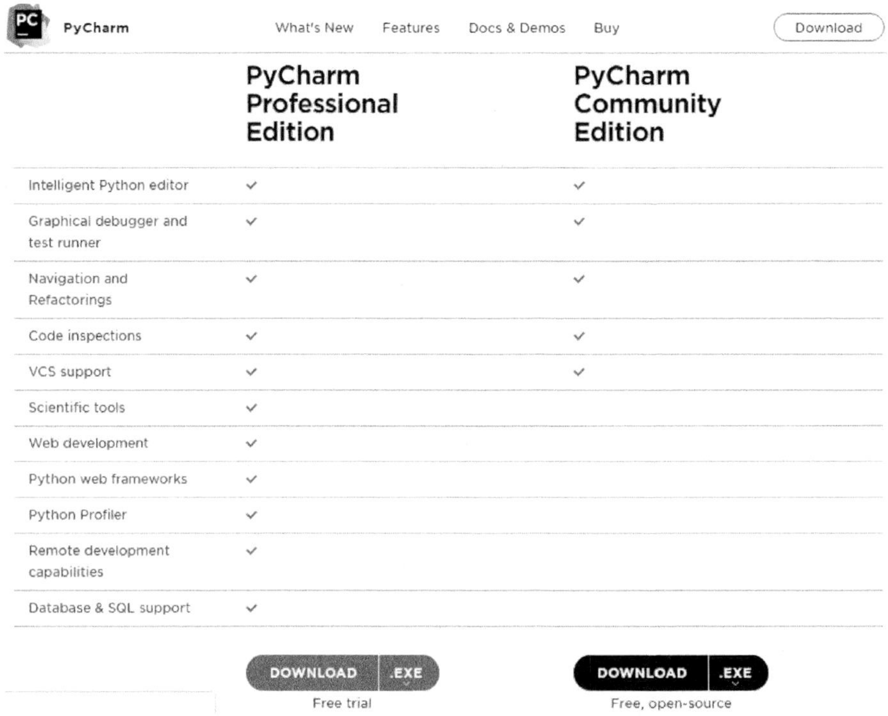

图 2-6　Pycharm 专业版本和社区版本功能比较

其中，社区版本开源且免费，适合初学者使用。如果需要专业版本，则需要购买。当然，对于学校老师或学生，Pycharm 提供了免费的使用权限，只需要按要求提供相关资料审核，即可以申请到专业版本的 Pycharm。由于专业版本和社区版本的 Pycharm 安装相同，因此，我们以社区版本为例介绍 Pycharm 的安装步骤。

首先,在 JetBrains 官网上下载安装文件。其中,Windows 系统下的安装文件后缀名为. exe;MacOS 系统下的安装文件后缀名为 dmg;Linux 系统下的安装文件后缀名为. tar. gz。在 Windows 系统下,下载完成后,双击. exe 运行文件启动安装程序,按步骤选择默认设置即可。但要注意,在具体定制时,需要根据所使用电脑的配置勾选相应的复选框,如图 2-7 所示。

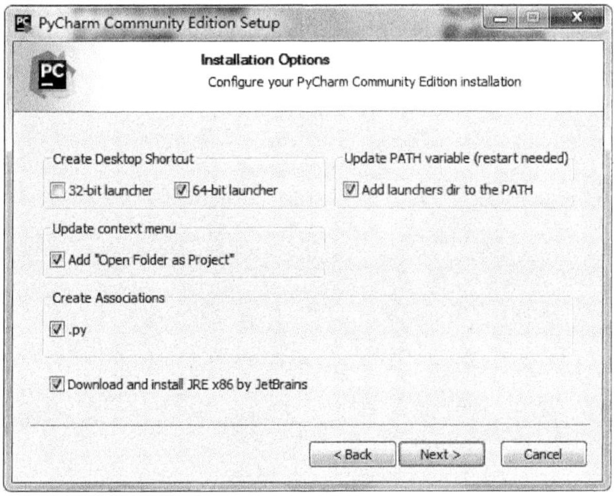

图 2-7 Pycharm 安装配置选项

这里选择了创建 64 位的桌面快捷方式并建立其与. py 文件的关联,更新上下文菜单,下载并安装 Java 运行环境(JRE)并配置路径环境。然后,等待安装完成即可。

2.2.3 IPython Notebook 入门

IPython 是当前最为流行的 Python 交互式计算和开发环境工具,IPython 有三种类型工具,即 shell 端、QT 控制台和 Notebook。其中,shell 端版本基于系统和 Python shell 命令,基本不包含任何图形化的操作功能。QT 控制台功能则更为丰富。这个版本主要是基于 QT 图形界面框架。Notebook 版本则是基于 JavaScript 的 Web 浏览器版本,其主要优势在于发布和分享整个 Notebook 的便利性。一旦 IPython 项目结束,便可以以 Html 页面、ppt 或 pdf 的形式发布,适合用于教学和演示。

(1)IPython shell 端调用命令，即可在 shell 端输入命令：

ipython↙(注：↙为回车)

可以在 shell 中输入数据操作命令，进行交互，如图 2-8 所示。

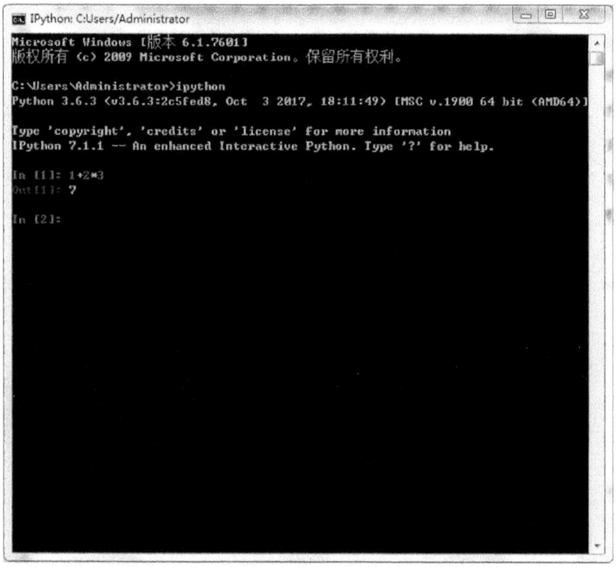

图 2-8　IPython 的 shell 端交互命令

(2)IPython QT 控制台命令，可以通过下面命令调用：

ipython qtconsole -pytab inline↙

(3)IPython Notebook 版本则通过以下命令调用：

ipython notebook -pylab inline↙

这里，因 IPython Notebook 的明显优势，我们将其作为重点介绍内容。IPython Notebook 的另一大优势在于其魔法指令，主要是因为其在标准的 Python shell 功能的基础上，进一步扩展了一些强大的功能。这些可用的魔法指令，可以在 IPython 中键入命令 lsmagic 找到，界面如图 2-9 所示。

目前，IPython Notebook 已经发展为 Jupyter Notebook。Jupyter Notebook 是一个支持服务器客户端的应用程序，使得人们可以通过 Web 浏览器交互式地编辑代码。在 Jupyter Notebook 中运行的项目将会存储在笔记本文档中，被称为 IPython Notebook 文件，文件的格式为.ipynb。目前，Jupyter Notebook 被谷歌、微软和 IBM 等大公司广泛应用，因为在大公司中一个特定的任务可能需要多种语

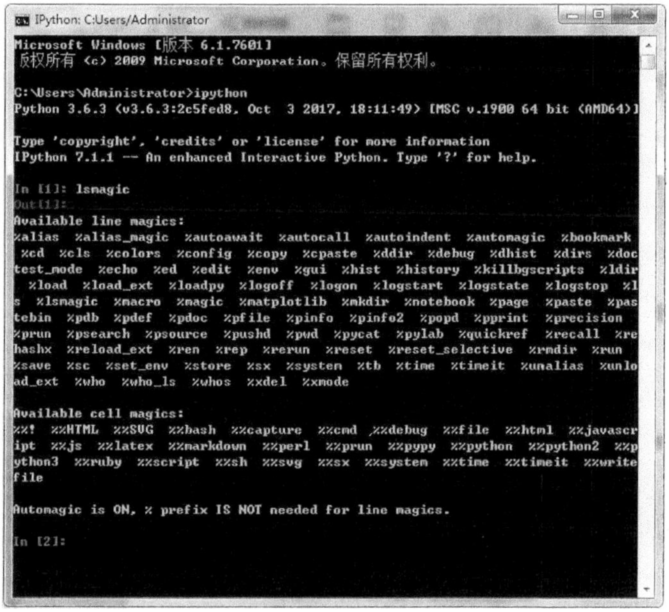

图 2-9　IPython 中的魔法指令 lsmagic 列表

言编码协调完成，如 Python、PHP、R 等，Jupyter 运行用户使用相同结果的 Notebook 文件，自动识别和匹配接口，所以可以极大促进公司各部门人员间的沟通。此外，Jupyter Notebook 可以在 Web 浏览器中编辑、运行代码并查看结果，因此，Jupyter Notebook 非常适合编程概念的演示和培训。

在命令行中可以通过输入命令 ipython notebook 调用 Jupyter Notebook，界面如图 2-10 所示。

图 2-10　cmd 命令窗口中调用 Jupyter Notebook

然后,浏览器会自动打开 Jupter Notebook 界面,如图 2-11 所示。

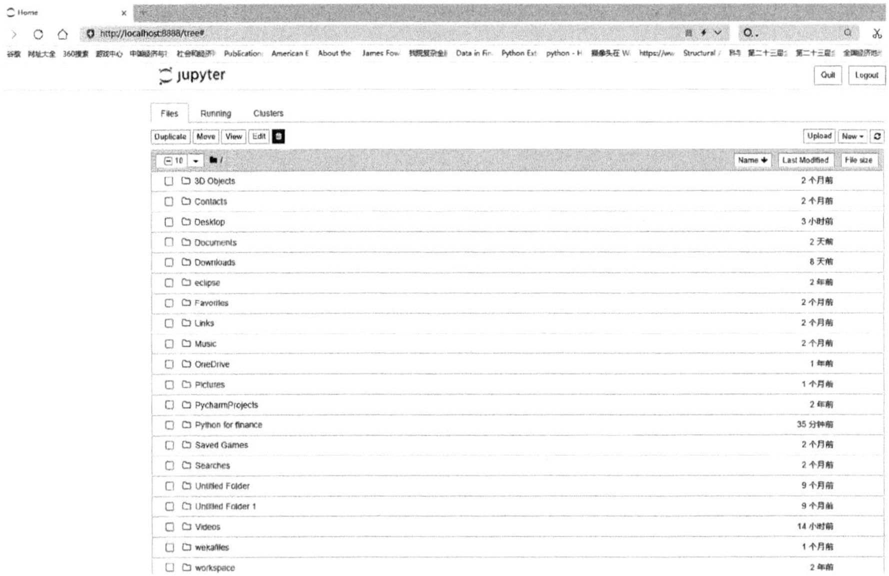

图 2-11　Jupyter Notebook 界面

从界面看,左上角包含文件、正在运行的文件和聚类模块菜单,以及复制、移动、可视化和编辑功能按钮,右上角包含上传文件和新建功能按钮,上传按钮可以把操作文本上传到你当前所在目录里,而新建功能按钮可以创建一个文本文件、一个操作文件或一个文件目录。Jupyter Notebook 中的 Python 文件以后缀名.ipynb 命名,打开某一个 Python 文件后,可以在其中进行常见的 Python 代码操作。每个文件和目录前面都有一个复选框,可以通过勾选或取消操作,或选择复制、删除文件,或关闭运行文件。常用的 Jupyter Notebook 在打开一个 Python 文件后,可以调用界面工具栏中一些常用操作,如复制、剪切、执行、停止等功能,同时这些常用功能也有快捷键的支持,提高我们编程的效率。如:

Ctrl+Enter 组合键:机器会执行在单元格中的代码,并将留在当前单元格中。

Shift+Enter 组合键:机器会执行在单元格中的代码,并将创建一个新的可以继续写代码的单元格。

X:选择当前单元格并进行剪切操作。注意:点击左侧[ ]才为选择当前单元格。

C:选择当前单元格并进行复制操作。

V:将所选择剪切或复制的内容粘贴到单元格中。

A:在所选单元格的上面插入一个新的空单元格。

B:在所选单元格的下面插入一个新的空单元格。

D+D:删除所选中的单元格。

M:将所选的单元格由可执行的代码单元格转换为文本文档单元格。

Y:将所选的单元格由文本文档单元格转换为可执行的代码单元格。

2.2.4 Python 编译器的前期设置

以 PyCharm 开发平台为例,进行编译器的前期设置。

首先,安装 Python 和 PyCharm 之后,要设置 Python 编译器。有的时候,在电脑上可能已安装了不同版本的 Python,如 Python2. x 或 Python3. x 等,这个时候需要根据具体需求选择适合的版本进行开发。编译器设置的路径为:File->Settings->Project->project interpreter。

然后,可以根据编程的偏好,设置编译字体。设置路径如下:File->Settings->Editor->Font & Color->Font。在弹出界面中,我们可以选择自己偏好的字体格式。

此外,还可以将编译器设置自动生成头文件,设置路径如下:File->Editor->Code Style->File and Code Template->Python scripts。在弹出界面中,可以定制自动生成的头文件内容。

当然,这里只是介绍几种常用的编译器设置,具体编译器的设置还要因人而异。

2.3 请求库的安装

数据采集过程中的一个重要环节是通过模拟浏览器向服务器发出请求,而这时就需要使用专门的请求库实现 HTTP 的请求操作。典型的请求库包括 requests、Selenium 等。

2.3.1 requests 库的安装

requests 库是 Python 的第三方库，即 Python 默认不带这个库，需要我们自行安装。requests 库能够支持我们在数据采集过程中，模拟浏览器向服务器发出请求操作，方便地实现诸如登录验证、代理设置等操作。

requests 库的安装方式有多种，包括 pip 安装、wheel 包安装、源码安装、PyCharm 安装等。其中，pip 安装方式最为简单，并且适用于 Windows、Linux 和 MacOS 多个平台，因此推荐这种安装方式。具体安装步骤如下：打开命令行界面，输入命令并执行，即可完成 requests 库的安装：pip install requests。

安装成功后，命令行界面底部会显示"Successfully installed..."的标志。

2.3.2 Selenium 的安装

Selenium 库同样是 Python 的第三方库，可以用来模拟浏览器运行，尤其对诸如 JavaScript 动态渲染页面的数据采集非常有效。利用 Selenium，可以获取浏览器执行特定的动作并抓取当前页面的源码，做到实时采集数据。Selenium 的安装方式也有多种，包括 pip 安装和 wheel 包安装。这里，推荐 pip 安装方式，即在命令行界面中执行命令：pip install selenium↙

2.4 Web 库的安装

目前，大多数运行的网站都是基于 B/S 架构的，即通过 Web 服务程序搭建而成的。为了能够与这些 Web 服务程序进行数据采集，Python 提供了多种 Web 服务程序，如 Flask 和 Tornado，等等。

其中，Flask 是一款使用 Python 编写的轻量级 Web 应用框架，具有简单、实用、灵活的优点。Flask 库可以直接采用 pip 命令安装，如下所示：

pip install flask↙

运行成功界面如图 2-12 所示。

Tornado 库是 Web 服务器软件的开源版本，能够支持异步的 Web 框架，且具有使用非阻塞 I/O 流的特点，因此 Tornado 库运行速度相当快，可以支撑大量的开放连接。Tornado 库的安装也可以用 pip 命令方式进行。命令：pip install tornado↙

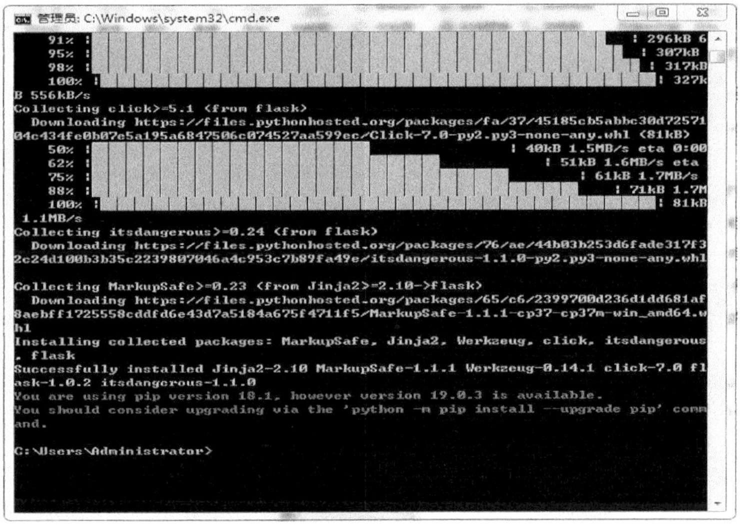

图 2-12　Flask 库安装成功界面

运行成功后,界面如图 2-13 所示。

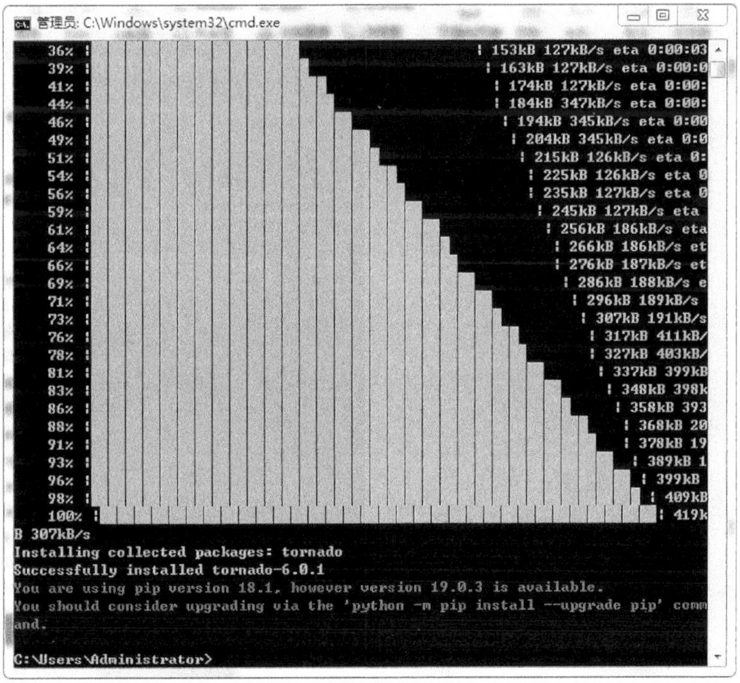

图 2-13　Tornado 库安装成功界面

2.5 数据库的安装

数据采集过程中所采集到的数据,需要存储到数据库中,用于后续的分析。这些数据既可以存储在关系型数据库如 MySQL 中,也可以存储在非关系型数据库如 MongoDB 和 Redis 中。但如果想用 Python 操作这些数据库进行交互的话,还需要进一步安装对应的第三方库,即 PyMySQL、PyMongoDB 和 Redis-Py。

2.5.1 PyMySQL 库的安装

如果将采集到的数据存储在 MySQL 数据库中,需要安装 PyMySQL 库,与数据库交互进行操作。PyMySQL 的安装方式推荐使用 pip 安装,在命令行界面中输入以下命令即可:

```
pip install pymysql↙
```

2.5.2 PyMongoDB 库的安装

如果将采集到的数据存储在 MongoDB 数据库中,需要安装 PyMongoDB 库与数据库交互进行操作。PyMongoDB 的安装方式推荐使用 pip 安装,在命令行界面中输入以下命令即可:

```
pip install pymongo↙
```

2.5.3 Redis-Py 库的安装

如果将采集到的数据存储在 Redis 数据库中,需要安装 Redis-Py 库与数据库交互进行操作。Redis-Py 的安装方式推荐使用 pip 安装,在命令行界面中输入以下命令即可:

```
pip install redis-py↙
```

2.6 扩展库

本节主要介绍数据采集的常用框架,如 pyspider、Scrapy 及其扩展库 Scrapy-Splash、Scrapy-Redis。这些数据采集框架可以简少编程的代码量,提高数据采集效率。

2.6.1 pyspider 的安装

pyspider 是一款强大的数据采集框架，具有支持动态渲染页面采集、多种数据库后端和多种消息队列的特点，并且使用方便。pyspider 的安装需要依赖 PhantomJS 库，因此在安装 pyspider 之前，需要先安装 PhantomJS 库。具体如下：

PhantomJS 支持 Windows、Linux 和 MacOS 等操作系统，所以，我们需要在 PhantomJS 官方网址 http://phantomjs.org 下载对应版本的安装包。以 Windows 系统平台安装为例，下载的文件解压后，在 bin 文件中包含一个可执行文件 phantomjs.exe，然后将其安装路径配置到环境变量中，即完成安装。

安装完 PhantomJS 库之后，可以通过 pip 安装方式，即在命令行界面中输入如下命令：

```
pip install pyspider↙
```

2.6.2 Scrapy 的安装

Scrapy 是一款封装 request，downloader（下载器），selector（解析器）和 twisted（异步处理）等的数据采集框架。Scrapy 框架能够提升数据采集效率，更好地实现数据采集。

Scrapy 的安装可以通过 pip 安装，也可以通过 PyCharm 和 Anaconda 集成平台安装。但是 Scrapy 依赖的库比较多，因此选择 pip 安装会产生一些错误的安装提示信息，导致 Scrapy 无法正常安装。

因此，这里推荐 Pycharm 集成平台安装方式，具体步骤如下：

首先，在 Pycharm 中选中左上角的 File 选项，单机下拉菜单中的 Settings 选项，弹出如图 2-14 所示的界面；然后，在 Settings 界面中，点击可见其下一级菜单，继而找到 Project Interpreter 选项，并点击右侧边的“+”按钮，弹出图 2-15 所示的界面；最后，在左上方搜索 Scrapy，然后单击 install Package 进行安装，安装成功后，在界面的下方显示“Package Scrapy Install Successfully”内容，如图 2-16 所示。

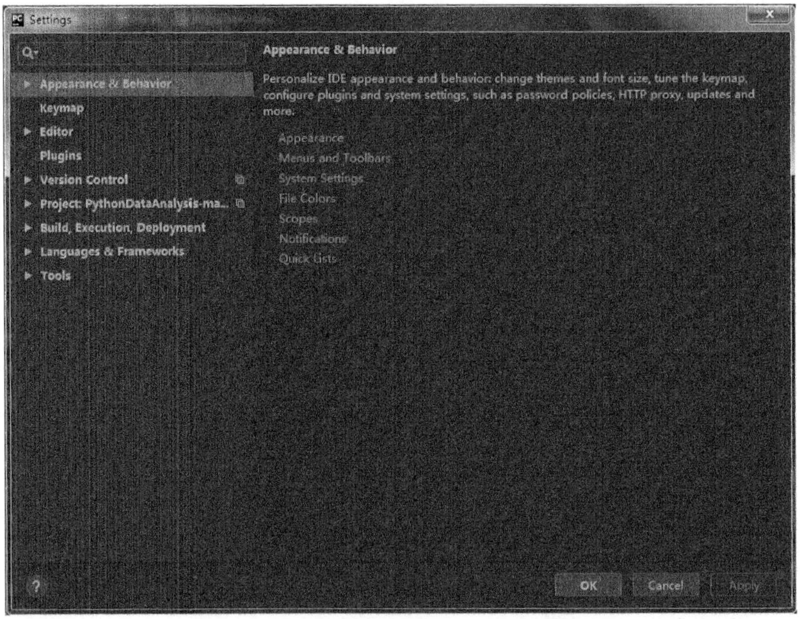

图 2-14　Pycharm 的 Settings 导航界面

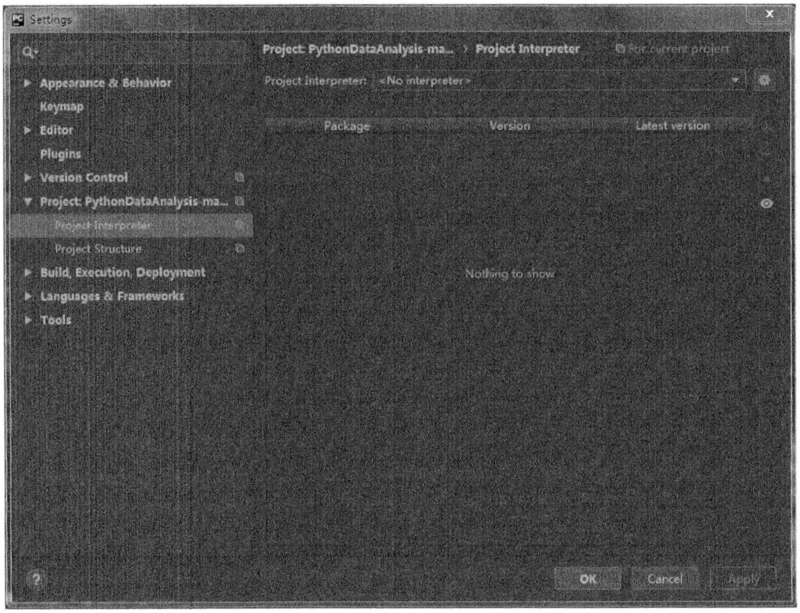

图 2-15　Project Interpreter 导航

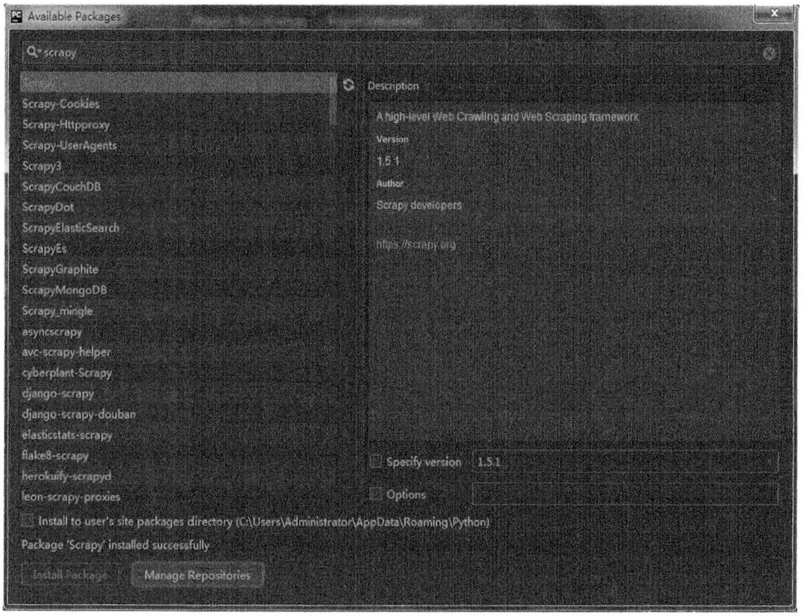

图 2-16　Pycharm 安装包安装成功界面

2.6.3　Scrapy-Splash 的安装

Scrapy-Splash 库是 Scrapy 中支持 JavaScript 渲染的工具。在安装 Scrapy-Splash 之前，应该先安装好 Splash 库。Splash 可以通过 Docker 进行安装。Docker 可以通过其官方网址 http://www.docker.com 下载对应的安装包进行安装。确保 Docker 安装成功之后，可以输入如下命令安装 Splash：

```
docker run -p 8050:8050 scrapinghub/splash↙
```

在成功安装 Splash 之后，可以再安装 Scrapy-Splash 库，命令如下：

```
pip install scrapy-splash↙
```

2.6.4　Scrapy-Redis 的安装

Scrapy-Redis 库是 Scrapy 的分布式扩展模块，能够搭建 Scrapy 的分布式数据采集形式，有利于高效的数据采集。Scrapy-Redis 库的安装方式可以使用 pip 安装和 wheel 包安装，这里推荐 pip 安装，具体安装命令如下：

pip install scrapy-redis↙

2.7 Python 基本语法

2.7.1 基础数据类型

Python 的基础数据类型包括数值型数据、布尔型、字符串型、列表(list)、元组(Tuple)、集合(Set)和字典(Dict)等。我们可以将其分为四类,如表 2-1 所示。

表 2-1 Python 基础数据类型

分类	数据类型	示例
数值型数据	符号整数型(int)	0、1、2、-1、-2、1001、-2002
	长整数型(long)	847348、-983748、3473847
	浮点型(float)	3.8877、2.377、9.99
	复数型(complex)	3+2j、-8+10j、32+6j
字节类型	字符串型	'hello world'; "hello world"; """ They who cannot do as they would, must do as they can. """
布尔型	True 和 False 两种类型	
组合类型	列表	major=["计算机","自动化","金融","法律","外语"]
	元组	major=("计算机","自动化","金融","法律","外语")
	集合	fruits={"apple","banana","orange"}
	字典	D1={"姓名:","张三","性别:","男","年龄:"28}

其中,元组用圆括号表示,元组与列表相似,元组中的元素也可以进行索引计算,但元组中元素的值不可以修改,只可以读取。集合的格式是 set,不能包含

重复元素，并且集合可以进行运算操作。

2.7.2 Python 运算符与表达式

Python 的运算符包括算数运算符、比较运算符和逻辑运算符。常用的算数运算符有：+、-、*、/、%、^、& 和 | 等。比较运算符则用于比较两个数值，并以逻辑值作为返回结果，常见的比较运算符有 ==、>、<、! =、>=、<= 等。逻辑运算符主要包括 and、or 和 not，通过构建逻辑表达式返回结果。在 Python 中，这些运算符的执行是有优先级顺序的，优先级高的运算先执行。各运算符的优先级排序总结如表 2-2 所示。

表 2-2　Python 运算符优先级排名

<table>
<tr><th>优先级</th><th>运算符</th></tr>
<tr><td>第一名</td><td>函数调用、下标、寻址</td></tr>
<tr><td>第二名</td><td>幂运算 * *</td></tr>
<tr><td>第三名</td><td>翻转运算 ~</td></tr>
<tr><td>第四名</td><td>正负号</td></tr>
<tr><td>第五名</td><td>*、/、%</td></tr>
<tr><td>第六名</td><td>+、-</td></tr>
<tr><td>第七名</td><td>移位运算 <<、>></td></tr>
<tr><td>第八名</td><td>按位与 &、或 |、非^</td></tr>
<tr><td>第九名</td><td>比较运算符</td></tr>
<tr><td>第十名</td><td>逻辑 not、and 和 or</td></tr>
<tr><td>第十一名</td><td>Lambda 表示式</td></tr>
</table>

2.7.3 第三方库安装与导入

库，也称模块，是指对函数功能的扩展。Python 自带了一些库，但未来更加高效的编程，常需要导入程序中要使用的某个模块，即第三方库函数。如数值计算的库 Numpy、数据分析库 Pandas、数据绘图库 Matplotlib 和 Seaborn，还有科学计算和机器学习的库 Scipy 和 Scikit-Learn 库。这些库的作用范围要比函数广，如果需要使用这些模块，首先要导入这些模块，然后才能使用。

2.7.4 帮助系统

Python 的帮助系统可以通过 help 函数打开交互式界面，如输入 keywords，就可以查看 Python 自动保留的关键字，也可以利用 help 函数查看 Python 自带的库和库函数。

实例 1：利用 help 查看 Python 自动保留的关键字(keywords)。

```
help("keywords")
```

运行结果如下：

```
Here is a list of the Python keywords.  Enter any keyword to get more help.

False               def                 if                  raise
None                del                 import              return
True                elif                in                  try
and                 else                is                  while
as                  except              lambda              with
assert              finally             nonlocal            yield
break               for                 not
class               from                or
continue            global              pass
```

实例 2：利用 help 查看 Python 自带的 random 库。

```
import random

help(random)
```

运行结果如下：

```
IPython             codeop              multiprocessing     tabnanny
PIL                 collections         nbconvert           tarfile
__future__          colorama            nbformat            telnetlib
_ast                colorsys            netbios             tempfile
_asyncio            commctrl            netrc               tensorboardX
_bisect             compileall          networkx            terminado
_blake2             concurrent          nntplib             test
_bootlocale         configparser        notebook            testpath
_bz2                contextlib          nt                  tests
_codecs             copy                ntpath              texttable
_codecs_cn          copyreg             ntsecuritycon       textwrap
_codecs_hk          crypt               nturl2path          this
_codecs_iso2022     csv                 numba               threading
_codecs_jp          ctypes              numbers             time
_codecs_kr          curses              numpy               timeit
_codecs_tw          cycler              odbc                timer
_collections        cythonmagic         opcode              tkinter
_collections_abc    datetime            openpyxl            token
_compat_pickle      dateutil            operator            tokenize
_compression        dbi                 optparse            torch
```

```
Help on module random:

NAME
    random - Random variable generators.

DESCRIPTION
        integers
        --------
               uniform within range

        sequences
        ---------
               pick random element
               pick random sample
               pick weighted random sample
               generate random permutation

        distributions on the real line:
        ------------------------------
               uniform
```

实例 3：利用 help 查看 Python 自带库中的函数 Shuffle( )。

```
import random
help(random.shuffle)
```

运行结果如下：

```
Help on method shuffle in module random:

shuffle(x, random=None) method of random.Random instance
    Shuffle list x in place, and return None.

    Optional argument random is a 0-argument function returning a
    random float in [0.0, 1.0); if it is the default None, the
    standard random.random will be used.
```

本章习题

1. 常用的 Python 编译器有哪几种？各有什么特点？
2. 列举出几个常用的 IPython 魔法指令。
3. 如何导入 Python 外部的库模块？
4. 常用的数据采集模块库包括哪几种类型？
5. 列表、元组、集合、字典的区别是什么？
6. Python 的帮助文档如何查询？

3 Numpy 框架的使用

学习目标

1. 了解 Numpy 框架的导入方式；
2. 掌握 Numpy 数组的创建与运算；
3. 掌握随机数的操作；
4. 掌握利用 Numpy 进行基本统计分析。

作为一种面向对象(OOP)的语言,Python 中比较容易创建类(Class)和对象(Object),以及对象的属性(Attribute)和其能够调用的方法(Method)。而模块(Module)是包含变量定义、函数和类别等内容的预写代码,一些模块的集合则构成了软件包/库(Package/Library)。在安装 Python 时,Python 自带了标准库 Python's Standard Library(PSL),包括列表 List 类,以及计算字符串长度的 len()函数等基本程序模块。通常说,软件包是由专业的程序人员开发并发布在社区的,由社区人员维护和更新。除了安装 Python 自带的标准程序库,针对不同的专业应用场景,人们也可以自行安装不同的软件包,如统计人员倾向安装包含大量统计功能和方法的程序库 Stasmodels,而计算机建模人员则倾向于使用包含各种人工智能方法的程序库 Scikit-Learn。在海量数据采集与处理方面,我们需要经常使用程序库 Numpy 和 Pandas 处理采集到的数据,因此,在下面的两章我们将分别介绍这两个重要的程序库。

3.1 Numpy 简介

前面章节我们已经了解了 Python 语言及其特性。Python 能够支持丰富的数据类型和相关操作,如字符串、数字、列表和集合等的处理。但 Python 并不能够很好地支持科学计算,难以有效地表示常用的数据结构。因此,Python 提供了用于科学计算和数据分析的基础包 Numpy。Numpy 是 Numerical Python 的缩写,是能够处理多维数组的第三方软件包,是一种组织和处理数据的强大框架。

Numpy 的语法和 Matlab 语法相似,其计算和数据处理能力也与 Matlab 相近,但相比需要付费的商用软件 Matlab,Numpy 因开源特性而广受 Python 爱好者的欢迎。其具备矩阵运算、多维数组操作等处理线性代数和向量空间方面的优点,目前在数据分析和科学计算领域占据非常重要的地位。

3.2 Numpy 框架使用简介

Numpy 在使用之前需要在程序中或控制台将包导入,可以在 PyCharm 等集成平台上安装,也可以用 pip install Numpy 直接安装。安装后,我们可以使用 5 种方式导入 Numpy,下面以导入 Numpy 并随机生成[0,1)区间的随机数为例阐述这些导入方式。

(1)直接导入 Numpy 框架。

```
import numpy
numpy.random.random()
```

(2)从 Numpy 框架中导入具体函数,此时调用该函数时,允许省略 Numpy 框架名。

```
from numpy import random
random.random()
```

(3)从 Numpy 框架中导入具体函数并重命名,此时可以使用简写的重命名符号执行。

```
from numpy import random as r
r.random()
```

(4)直接导入 Numpy 框架并重命名,此时可以使用简写的重命名符号调用库。

```
import numpy as np
np.random.random()
```

(5)导入 Numpy 库中的所有程序模块,用通配符 * 表示所有程序模块。

```
from numpy import *
numpy.random.random()
```

3.3 数组的创建

数组是海量数据采集与处理过程中最基本且最常用的一种数据结构,具体包括一维数组和多维数组。数组和我们之前讲解的列表结构不同,列表中的元素可以是不同类型的数据,而数组中的元素必须是相同类型的数据。本节我们重点介绍数组的创建,主要用到的函数总结如表 3-1 所示。

表 3-1 数组创建常用函数汇总表

array	仅用于生成一维数组
arange	用于创建等差数据
linespace	用于在指定的间隔内返回均匀间隔的数字
ones	生成全 1 数组
zeros	生成全 0 数组
shape	用于描述数组每一个维度上元素的个数值
reshape	用于改变数组元素在各个维度上的数目

3.3.1 一维数组的创建

一维数组的创建有多种形式,可以通过 Numpy 包提供的 array、arange 和 linespace 函数进行创建。

3.3.1.1 array

array 函数基本形式为

array(object[,dtype,][,copy,][,order,][,subok,][,ndmin])

[ ]内表示可选参数。其中:

object 表示显示为数组接口的任何对象;

dtype 是数组元素的属性,如果不指定,则默认是支持数组对象的最小长度

类型(可以有效地节约内存);

copy 如果为 True,则数组元素是可复制的,否则不可复制;

order 表示指定数组的内存形式的布局;

subok 如果设置为 True,则子类将被传递,否则返回的数组将强制转换为基于类的数组;

ndmin 参数指定了结果数组应该有的最小维度值。

下面,我们通过 4 个不同参数的 array 函数创建一维数组。

实例 1:利用 array 函数创建一维数组。

```
import numpy as np
arr=np.array([1,2,3,4,5])
print(arr)
```

运行结果如下:

[1 2 3 4 5]

实例 2:利用 array 函数创建一维数组,并设置 ndmin 参数。

```
import numpy as np
arr=np.array([1, 2, 3,4,5], ndmin=1)
print(arr)
```

运行结果如下:

[1 2 3 4 5]

实例 3:利用 array 函数创建一维数组,并设置 subok 参数。

```
import numpy as np
arr=np.array([1,2,3,4,5,6], subok=True)
print(arr)
```

运行结果如下:

[1 2 3 4 5 6]

实例 4:利用 array 函数创建一维数组,并设置 dtype 参数。

```
import numpy as np
arr=np.array([1, 2, 3,4,5], dtype=complex)
print(arr)
```

运行结果如下：

[1. +0. j 2. +0. j 3. +0. j 4. +0. j 5. +0. j]

3. 3. 1. 2 arange

arange 函数用于创建等差数据，使用频率非常高，函数的基本形式为 arange([start],stop[,step,][,dtype])，其中：

start 表示数组的起始值，默认值为 0；

stop 表示数组的终值；

step 是生成数组的步长，默认值为 1；

dtype 是数组输出的属性。

下面通过 3 个实例利用 arange 创建数组。

实例 5：利用 arange 函数创建一维数组，设置 stop 参数。

```
import numpy as np
narr=np.arange(10)
print(narr)
```

运行结果如下：

[0 1 2 3 4 5 6 7 8 9]

实例 6：利用 arange 函数创建一维数组，设置 start 和 stop 参数。

```
import numpy as np
narr=np.arange(1,10)
print(narr)
```

运行结果如下：

[1 2 3 4 5 6 7 8 9]

实例 7：利用 arange 函数创建一维数组，设置 start、stop 和 step 参数。

```
import numpy as np
narr=np.arange(1,10,0.5)
print(narr)
```

运行结果如下：

[1.   1. 5 2.   2. 5 3.   3. 5 4.   4. 5 5.   5. 5 6.   6. 5 7.   7. 5

```
 8.   8.5 9.   9.5]
```

由此可见,Numpy 中的 arange 函数支持小数的步长设置。这与 Python 中自带的 array 函数具有明显区别,array 函数不支持步长取小数。

3.3.1.3 linspace

linspace 函数用于在指定的间隔内返回均匀间隔的数字,函数的基本形式为 linspace(start,stop,[num],[endpoint],[retstep],[dytpe]),其中:

start 为起始值。

stop 为终值。

num 是生成数组元素的个数,不能是负数,默认值为 50。

endpoint 表示是否包含终点,默认设置为 True,即包含终点;否则,在 False 情况下,不包含终点。

retstep 设置 True,则返回数组和步长,其中,步长是数组采样点间的间隔。

下面,我们利用不同参数的 linspace 函数创建数组。

实例 8:利用 linspace 函数创建一维数组,设置 start 和 stop 参数。

```
import numpy as np
narr=np.linspace(1,10)
print(narr)
```

运行结果如下:

```
[ 1.          1.18367347  1.36734694  1.55102041  1.73469388  1.91836735
  2.10204082  2.28571429  2.46938776  2.65306122  2.83673469  3.02040816
  3.20408163  3.3877551   3.57142857  3.75510204  3.93877551  4.12244898
  4.30612245  4.48979592  4.67346939  4.85714286  5.04081633  5.2244898
  5.40816327  5.59183673  5.7755102   5.95918367  6.14285714  6.32653061
  6.51020408  6.69387755  6.87755102  7.06122449  7.24489796  7.42857143
  7.6122449   7.79591837  7.97959184  8.16326531  8.34693878  8.53061224
  8.71428571  8.89795918  9.08163265  9.26530612  9.44897959  9.63265306
  9.81632653 10.        ]
```

实例 9:利用 linspace 函数创建一维数组,设置 start、stop 和 num 参数。

```
import numpy as np
narr=np.linspace(1,10,2)
print(narr)
```

运行结果如下：

[1. 10.]

```
import numpy as np
narr=np.linspace(1,10,2,endpoint=False)
print(narr)
```

运行结果如下：

[1. 5.5]

一般情况下，我们可以使用 array、arange 和 linepace 函数创建数组。而对于一些特殊的数组，如全 0 元素的数组，或全 1 元素的数组，可以使用 zeros 和 ones 函数。例如，首先使用 zeros 函数创建具有 4 个 0 元素的一维数组，可以使用如下语句创建。

实例 10：利用 zeros 函数创建全 0 元素的一维数组。

```
import numpy as np
narr=np.zeros(4)
print(narr)
```

运行结果如下：

[0. 0. 0. 0.]

然后，我们使用 ones 函数生成 5 个全 1 元素的一维数组，可以使用如下语句创建。

实例 11：利用 ones 函数创建全 1 元素的一维数组。

```
import numpy as np
narr=np.ones(5)
print(narr)
```

运行结果如下：

[1. 1. 1. 1. 1.]

3.3.2 一维数组的属性

数组创建成功后，需要了解数组的相关属性，以便后续操作使用。数组的常用属性主要包括 dtype、shape、size、ndim、nbytes、. T(转置)等,以及统计的属性,如 min、max、sum、prod、mean、std 等。下面逐一介绍这些属性的用法。

dtype 用于描述数组元素的数据类型,在没有指定类型时,数组创建时选择默认的数据类型。dtype 可以是整数类型 int,可以是浮点数类型 float,可以是布尔值类型 bool 等,默认的数据类型是 float。表 3-2 提供了 numpy. dtype 中可以使用的基本数据类型,如表 3-2 所示。

表 3-2　Numpy dtype 对象类型

dtype	描述	示例
b	布尔值	b(true 或 false)
c	浮点复数	c16(128 位)
f	浮点数	f8(16 位)
i	整数	i8(64 位)
o	对象	0(指向对象的指针)
S,a	字符串	S24(24 个字符)
t	位域	t4(4 位)
u	无符号整数	u8(64 位)
U	Unicode	U24(24 个 Unicode 字符)
V	其他	V12(12 字节数据块)

下面,我们通过 print 函数的 4 个实例查看创建数组中元素的数据类型。

实例 1:利用 arange 函数创建一维数组,并查看数据类型。

```
import numpy as np
narr=np.arange(1,10,2)
print(narr.dtype)
```

运行结果如下:

int32

实例 2:利用 linspace 函数创建一维数组,并查看数据类型。

```
import numpy as np
narr=np.linspace(1,10,2,endpoint=False)
print(narr.dtype)
```

运行结果如下：

float64

实例 3：利用 arange 函数创建一维数组，并通过设置 arange 的 dtype 参数定制数据类型。

```
import numpy as np
narr=np.arange(1,10,2,dtype='float64')
print(narr.dtype)
```

运行结果如下：

float64

实例 4：利用 arange 函数创建一维数组，可以通过 astype 函数对数据类型强制转换。

```
import numpy as np
narr=np.arange(1,10,2,dtype='float64')
print(narr.dtype)
print(narr.astype(np.int).dtype)
```

运行结果如下：

float64

int32

可见，可以将数据由 float64 变换为 int32 类型。因此，在实际应用中，可以使用 astype 函数将数据类型进行强制转换。

size 属性用于描述数组的大小，即包含数组元素的个数。如下面的案例，我们使用 size 属性得到了数组的大小。

实例 5：利用 size 属性查看一维数组中元素的个数。

```
import numpy as np
arr=np.array([1,2,3,4,5,6], subok=True)
print(arr.size)
```

运行结果如下：

6

shape 属性用于描述数组每个维度上元素的个数值。如果是一维数组,则返回的是一维数组的长度;如果是二维数据集,则返回的是二维数据集的行和列数。

实例 6:利用 shape 属性查看一维数组的结构。

```
import numpy as np
arr=np.array([1,2,3,4,5,6], subok=True)
print(arr.shape)
```

运行结果如下:

(6,)

3.3.3 一维数组的索引和切片

一维数组的索引可以使用[ ]运算符,且以 0 为索引起点。而在切片过程中,使用冒号(:)进行切片。需要注意的是,与一般软件(如 R 语言)不同的是,对数组 arr 进行切片时,arr[a:b]包含左端点 arr[a],但不包含 arr[b]元素。此外,如果冒号前面的数字省略,表示从起始一直切片到 arr[b](不包含 arr[b]);而冒号后的数字如果省略,则表示从 arr[a]一直切片到最后的数组元素。下面,我们通过 4 个实例加深对一维数组的索引和切片的理解。

实例 1:利用 array 函数创建一维数组,并通过索引提取元素。

```
import numpy as np
arr=np.array([1,2,3,4,5,6])
print(arr[0])
```

运行结果如下:

1

实例 2:利用 array 函数创建一维数组,并进行数据切片。

```
import numpy as np
arr=np.array([1,2,3,4,5,6])
print(arr[0:3])
```

运行结果如下:

[1 2 3]

实例 3：利用 array 函数创建一维数组，并进行数据切片。

```
import numpy as np
arr=np.array([1,2,3,4,5,6])
print(arr[:4])
print(arr[2:])
```

运行结果如下：

[1 2 3 4]

[3 4 5 6]

3.3.4　多维数组的创建

Numpy 的一个关键特性在于其可以创建多维数组对象(ndarry)。ndarry 是 Python 中一个高效、灵活的大型数据集容器，能够通过使用标准的数学函数对整个数据进行快速运算操作，而不需要编写循环。以二维数组的创建为例，下面是用 Numpy 的 array 方法创建 2 行 3 列的二维数组。

实例 1：利用 array 函数创建多维数组。

```
import numpy as np
arr=np.array([[1,2,3],[4,5,6]])
print(arr)
```

运行结果如下：

[[1 2 3]

[4 5 6]]

同样，3. 2 节描述的一系列方法同样适合于多维数组，如 array、arange、linspace 等。下面，我们以 array 函数为例，通过 3 个实例阐述如何创建多维数组。

实例 2：利用 array 函数创建多维数组，并设置参数 ndmin。

```
import numpy as np
arr=np.array([1, 2, 3,4,5], ndmin=2)
print(arr)
```

运行结果如下：

[[1 2 3 4 5]]

实例 3：利用 array 函数创建多维数组，其中 np. mat 函数的功能是将序列转换为 2 维数组。

```
import numpy as np
arr=np.array(np.mat('1 2; 3 4;5 6'), subok=True)
print(arr)
```

运行结果如下：

[[1 2]
[3 4]
[5 6]]

实例 4：利用 array 函数创建多维数组，并查看其各维度的维数。

```
import numpy as np
arr=np.array(np.mat('1 2; 3 4;5 6'), subok=True)
print(arr.shape)
```

运行结果如下：

(3 2)

3.3.5 多维数组的属性

与 shape 属性相关的一个函数是 reshape，用于改变数组元素在各个维度上的数目。reshape 函数基本形式为 reshape(a, newshape[, order])。其中，参数 a 为数组，newshape 为整数或整数形式的元组，order 为读取元素的顺序形式。

实例 1：多维数组的结构重排。

```
import numpy as np
arr=np.array(np.mat('1 2; 3 4;5 6'), subok=True)
print(arr.reshape(2,3))
```

运行结果如下：

[[1 2 3]

[4 5 6]]

3.3.6 多维数组的索引和切片

多维数组的索引与一维数组的索引相似，但索引语言更为自然，只需要使用[ ]运算符和逗号分隔符即可，下面我们通过两个实例学习多维数组的索引和切片操作。

实例 1：多维数组的索引。

```
import numpy as np
arr=np.array([[1,2,3],[4,5,6]])
print(arr[0][1])
```

运行结果如下：

2

实例 2：多维数组的索引和切片。

```
import numpy as np
arr=np.array([[1,2,3],[4,5,6]])
print(arr[0][0:2])
print(arr[0,0:2])
```

运行结果如下：

[1 2]

[1 2]

3.4 数组的运算

Numpy 提供了完整的基本数学函数，能够支持数组的所有常规数学运算。数组的运算操作都是以元素对应的方式实现的，即同时应用于数组的所有元素，且一一对应。此外，还有一些其他常见的函数，总结如表 3-3 所示。

表 3-3　Numpy 模块中常用的函数

函数	功能描述
np. abs( )	返回输入元素的绝对值
np. fbs( )	计算整数、浮点数或复数的绝对值
np. sqrt( )	返回输入元素的平方根
np. square( )	返回输入元素的平方
np. ceil( )	返回不小于输入元素的最小整数
np. floor( )	返回不大于输入元素的最大整数
np. rint( )	将输入元素四舍五入
np. modf( )	将数组的小数和整数部分以两个独立数组方式返回
np. sign( )	返回数组中各元素的正负符号
np. mod( )	对输入元素进行取模运算

下面,通过一些实例操作介绍常用的运算函数,包括一个数组内的求和运算、求积运算,以及多个数组间的四则运算。

实例 1:数组元素的求和运算。

```
import numpy as np
arr=np.array([1,2,3,4,5,6])
result=np.sum(arr)
print(result)
```

运行结果如下:

21

实例 2:数组元素的求积(prod)运算。

prod(a, axis = None, dtype = None, out = None, keepdims = <class 'numpy. _globals. _NoValue'>)返回给定轴上的数组元素的乘积。

```
import numpy as np
arr=np.array([1,2,3,4,5,6])
result=np.prod(arr)
print(result)
```

运行结果如下：

720

需要注意的是，多个数组间的运算操作，需要各数组的维度相同，如下所示。

实例 3：多个数组间的求和。

```
import numpy as np
arr1=np.array([1,2,3,4,5,6])
arr2=np.arange(0,12,2)
print(arr1,'+',arr2,'=',arr1+arr2)
```

运行结果如下：

[1 2 3 4 5 6] + [0 2 4 6 8 10] = [1 4 7 10 13 16]

实例 4：数值和数组间的求积。

```
import numpy as np
arr2=np.arange(0,12,2)
print(1.5,'* ',arr2,'=',1.5* arr2)
```

运行结果如下：

1.5 * [0 2 4 6 8 10] = [0. 3. 6. 9. 12. 15.]

实例 5：多个数组间的求积。

```
import numpy as np
arr1=np.array([1,2,3,4,5,6])
arr2=np.arange(0,12,2)
print(arr1,'* ',arr2,'=',arr1* arr2)
```

输入结果如下：

[1 2 3 4 5 6] * [0 2 4 6 8 10] = [0 4 12 24 40 60]

除了基本的四则运算以外，Numpy 还提供了对数、指数、三角函数和双曲线函数等特殊函数支持。如 np.e 表示以 e 为底，1 为指数的数，np.e * *2 表示 e 为底数，2 为指数的数。而 np.log( ) 函数实现的是 ln 运算，而 np.log10( ) 函数，则是实现以 10 为底的对数运算，如下所示。

实例 6:以 e 为底的对数函数(log)的计算。

```
import numpy as np
a = np.array([1, np.e, np.e* * 2])
result=np.log(a)
print(result)
```

运行结果如下:

[0. 1. 2.]

实例 7:以 10 为底的对数函数(log10)的计算。

```
import numpy as np
a = np.array([10, 100, 1000])
result=np.log10(a)
print(result)
```

运行结果如下:

[1. 2. 3.]

实例 8:指数函数(exp)的计算。

```
import numpy as np
a = np.linspace(-2* np.pi, 2* np.pi, 10)
result = np.exp(a)
print(result)
```

其中,np. pi 代表圆周率 π,运行结果如下:

[1.86744273e-03 7.54460979e-03 3.04807938e-02 1.23144711e-0
4.97513941e-01 2.00999393e+00 8.12052740e+00 3.28075445e+01
1.32544960e+02 5.35491656e+02]

实例 9:正弦函数(sin)的计算。

```
import numpy as np
a = np.linspace(-2* np.pi, 2* np.pi, 10)
result = np.sin(a)
print(result)
```

运行结果如下：

[2.44929360e-16 9.84807753e-01 3.42020143e-01 8.66025404e-01
-6.42787610e-01 6.42787610e-01 8.66025404e-01 3.42020143e-01
-9.84807753e-01 -2.44929360e-16]

实例 10：正切函数(tan)的计算。

```
import numpy as np
a = np.array([1, np.e, np.e* * 2])
result=np.tan(a)
print(result)
```

运行结果如下：

[1.55740772 -0.45054953 1.99362666]

3.5 随机数的操作

在进行数据分析时，有时观察的数据是不够的，这时我们需要利用随机数生成器生成随机数据来运行模拟，然后检查假设的情景，如蒙特卡洛模拟方法。Python 提供了专门用于支持随机数生成的 random 库，该库中包括了可以调用的 random( )方法、randint( )方法等(见表 3-4)。

表 3-4 random 库常用的随机数生成方法汇总表

函数名	函数功能
random. random( )	返回一个或一组服从[0,1)区间均匀分布的随机样本值
random. randint( )	返回区间范围是[low,high)内的随机整数或整数数组

下面，我们通过一些实例操作进行演示。

实例 1：生成[0,1)区间的随机数。

```
import random
print(random.random())
```

运行结果如下：

0. 9703058462813501

实例 2：生成指定区间[low,high)范围内的随机整数。

```
import random
print(random.randint(1,6))
```

运行结果如下：

3

此外，Numpy 库还提供了生成随机数的一些方法，主要包括两种类型，一种是按维度生成随机数；另一种是按指定分布生成随机数。常见的随机数生成方法汇总如表 3-5 所示。

表 3-5　Numpy 库常用的随机数生成方法汇总表

函数名	函数功能
np. random. rand( )	返回一个或一组服从[0,1)区间均匀分布的随机样本值
np. random. randn( )	返回一个或一组服从标准正态分布的随机样本值
np. random. randint( )	返回区间范围是[low,high)内的随机整数或整数数组
np. random. seed( )	可以 seed 多次生成相同的随机数
np. random. uniform( )	按均匀分布生成随机数
np. random. normal( )	按正态分布生成随机数
np. random. poisson( )	按泊松分布生成随机数

下面，我们对 Numpy 库中的一些常用随机数生成方法进行实例分析。需要注意的是，由于随机数的生成具有随机性，因此本节例子中每次运行会生成不同的随机数结果。

实例 3：生成[0,1)区间的随机数。np. random. rand( )函数能够返回一个或一组服从[0,1)区间均匀分布的随机样本值，这里包含 0 但不包含 1。

```
import numpy as np
print(np.random.rand())
```

运行结果如下：

0. 43414636021205255

实例 4:生成多个[0,1)区间的随机数。

```
import numpy as np
print(np.random.rand(3))
```

运行结果如下:

[0.00291537　0.98827523　0.52243585]

实例 5:生成多行多列的随机数。

```
import numpy as np
print(np.random.rand(2,3))
```

运行结果如下所示:

[[0.49862084　0.88617085　0.48844803]
[0.50259265　0.8622415　0.43820419]]

实例 6:生成服从标准正态分布的 3 个随机数。np. random. randn( )函数能够返回一个或一组服从标准正态分布的随机样本值。

```
import numpy as np
print(np.random.randn(3))
```

运行结果如下:

[-1.64445671　-1.30838262　1.63974666]

实例 7:生成服从标准正态分布的 2 行 3 列的随机数。

```
import numpy as np
print(np.random.randn(2,3))
```

运行结果如下:

[[-0.07165794　0.87406215　-0.32903887]
[1.06000555　0.60980806　0.6130489]]

实例 8:生成[0,1)范围的随机整数。np. random. randint(low,high=None, size=None,dtype='I')函数能够返回区间范围是[low,high)内的随机整数或整数数组,如果 high 没有指定,则生成范围是[0,low)的随机数。

```
import numpy as np
print(np.random.randint(1))
```

运行结果如下:

0

实例 9:生成[2,6)范围的随机整数。

```
import numpy as np
print(np.random.randint(2,6))
```

运行结果如下:

3

实例 10:多次生成相同的随机数。对于 np. random. seed( ),如果 seed( )值指定,则可以多次生成相同的随机数。否则,系统会根据时间生成不同的随机数。此外,permutation 能够随机排列一个序列,并返回一个排列的序列。

```
import numpy as np
for i in range(5):
    np.random.seed(10)
    perm = np.random.permutation(10)
    print(perm)
```

运行结果如下:

[8 2 5 6 3 1 0 7 4 9]

[8 2 5 6 3 1 0 7 4 9]

[8 2 5 6 3 1 0 7 4 9]

[8 2 5 6 3 1 0 7 4 9]

[8 2 5 6 3 1 0 7 4 9]

实例 11:生成范围是[1,5)内服从均匀分布的随机数。对于 np. random. uniform(x,y)函数,当 x<y 时,返回取值范围是[x,y)的服从均匀分布的随机数;当 x>y 时,返回取值范围是[y,x)的服从均匀分布的随机数。

```
import numpy as np
print(np.random.uniform(1,5))
```

运行结果如下:

2. 8519222611321084

实例 12:生成服从标准正态分布的 5 个随机数。np. random. normal(loc = 0.0,scale = 1.0,size = None)函数能够返回均值为 loc、标准差为 scale 的服从正态分布的随机数,其中,loc 表示正态分布的均值,scale 表示正态分布的标准差,size 表示生成随机数的维数,但 size = None 时,说明输出的是一个随机数。

```
import numpy as np
print(np.random.normal(0,1,5))
```

运行结果如下:

[1.90779296 0.7767646 1.62315421 -0.03170828 -0.75611584]

实例 13:生成服从泊松分布的随机数。np. random. poisson(lam = 1.0,size = None)函数能够返回服从泊松分布的随机数,其中,lam 表示随机事件发生率,size 表示输出维数。

```
import numpy as np
print(np.random.poisson(3,(2,3)))
```

运行结果如下:

[[3 5 2]
[0 3 2]]

3.6 统计函数分析

在数据的分析与处理过程中,我们经常需要对数据集的统计特性进行分析,如数据的均值、方差、最大值、最小值等。Python 提供了一系列的统计函数,支持对数据进行统计分析,汇总如表 3-6 所示。

表 3-6 常用的数据统计分析函数汇总表

函数名	函数功能
np. sum()	求和函数
np. mean()	计算算数平均值函数
np. average()	计算加权平均值函数

续表

函数名	函数功能
np. std( )	标准差函数
np. var( )	方差函数
np. min( )	最小值函数
np. max( )	最大值函数
np. argmin( )	返回沿轴最小值的索引值
np. argmax( )	返回沿轴最大值的索引值
np. ptp( )	计算最大值与最小值差的函数
np. median( )	中位数函数

下面将逐一详细介绍这些统计分析函数:

np. sum (a, axis = None, dtype = None, out = None, keepdims = <no value>, initial=<no value>) 函数能够返回输入的目标求和元素之和。其中,常用参数含义如下:

a 表示输入的目标求和元素;

axis 表示求和运算是沿哪个轴进行的。其默认值为 0,表示将所有输入元素进行求和。如果 axis=0,则表示按输入元素的列进行求和,如果 axis=1,则表示按输入元素的行进行求和。

dtype 表示按照指定的数据类型返回求和数值。

实例 1:求和函数,对指定数据进行求和并返回结果。

```
import numpy as np
print(np.sum([1.8,4.9]))
```

运行结果如下:

6.7

实例 2:求和函数,对比是否设置 dtype 类型下结果的区别。

```
import numpy as np
print(np.sum([1.8,4.9,2,6,5,8,0.7]))
print(np.sum([1.8,4.9,2,6,5,8,0.7],dtype=np.int32))
```

运行结果如下：

28.4

26

可见将 dtype 设置为 int32 时，求和过程是将每个元素先向下取整再进行求和的。

实例 3：统计列表中数据的算术平均值。np. mean(a, axis = None, dtype = None, out = None, keepdims = <no value>) 函数能够返回沿指定轴计算的输入元素的均值。其中，参数与 np. sum() 中的参数相同，此处不再一一赘述。

```
import numpy as np
target=np.array([[1,4],[2,3]])
print(np.mean(target))
```

运行结果如下：

2.5

实例 4：按行统计列表中数据的算术平均值。

```
import numpy as np
target=np.array([[1,4],[2,3]])
print(np.mean(target,axis=0))
```

运行结果如下：

[1.5 3.5]

实例 5：按行求取列表中数据的算术平均值、加权平均值。np. average(a, axis = None, weights = None, returned = False) 函数能够返回指定轴元素的加权平均值。其中，参数 weights 为权值；returned 默认值为 false，表示只返回均值，否则返回元组(均值，权重之和)。

```
import numpy as np
target=np.array([[0,1],[2,3],[4,5]])
print(np.mean(target,axis=1))
print(np.average(target,axis=1,weights=[1./4,3./4]))
```

运行结果如下：

[0.5 2.5 4.5]

[0.75 2.75 4.75]

实例 6:统计列表中数据的标准偏差。np. std(a,axis=None,dtype=None,out=None,ddof=0,keepdims=<no value>)函数能够返回沿指定轴计算得到的标准偏差。

```
import numpy as np
target=np.array([[1,3],[2,4]])
print(np.std(target))
```

运行结果如下:

1.118033988749895

实例 7:统计列表中数据的方差。np. var(a,axis=None,dtype=None,out=None,ddof=0,keepdims=<no value>)函数能够返回沿指定轴计算得到的方差。

```
import numpy as np
target=np.array([[1,3],[2,4]])
print(np.var(target))
```

运行结果如下:

1.25

实例 8:统计列表中数据的最小值。np. min(a, axis = None, out = None, keepdims=False)函数能够返回输入元素中的最小值。

```
import numpy as np
target=np.array([[1,3],[2,4]])
print(np.min(target))
```

运行结果如下:

1

实例 9:统计列表中数据的最大值。np. max(a, axis = None, out = None, keepdims=False)函数能够返回输入元素中的最大值。

```
import numpy as np
target=np.array([[1,3],[2,4]])
print(np.max(target))
```

运行结果如下：

4

实例 10：统计列表中数据最小值所在位置的索引值。np. argmin(a,axis=None,out=None)函数能够返回沿指定轴得到的最小值的索引值。

```
import numpy as np
target=np.array([[1,3],[2,4]])
print(np.argmin(target))
```

运行结果如下：

0

实例 11：统计列表中数据最大值所在位置的索引值。np. argmax(a,axis=None,out=None)函数能够返回沿指定轴得到的最大值的索引值。参数 axis 用于指定按行或列取最大值,axis=0 表示沿着每一列执行,axis=1 表示沿着每行执行。

```
import numpy as np
target=np.array([[1,3],[2,4]])
print(np.argmax(target))
```

运行结果如下：

3

实例 12：统计数组中最大值与最小值的差。np. ptp(a,axis=None,out=None),返回沿指定轴的值的范围,即最大值-最小值。

```
import numpy as np
target=np.array([[1,3],[2,4]])
print(np.ptp(target))
```

运行结果如下：

3

实例 13：统计一系列数据的中位数值。np. median(a,axis=None,out=None,overwrite_input=False,keepdims=False)函数能够返回沿指定轴计算得到的中位数值。

```
import numpy as np
target=np.array([[1,3,5],[2,4,7]])
print(np.median(target,axis=1))
```

运行结果如下:

[3. 4.]

此外,随着人工智能在数据处理中的应用,一些优化函数比较常见,这里,我们介绍一种最为常用的函数,即求取梯度的函数 np. gradient( )。

实例 14:计算 N 维数组的梯度。np. gradient(f, * varargs, * * kwargs)函数能够返回 N 维数组的梯度。其中,参数 f 表示一个函数的 N 维数组样本。varargs 是可选参数,可以是标量或数组构成的列表;kwargs 参数是不定长的可选参数,接收以键值对构成的字典数据。

```
import numpy as np
target=np.array([1,2,4,7,11,16])
print(np.gradient(target))
```

运行结果如下:

[1. 1.5 2.5 3.5 4.5 5.]

本章习题

1. 如何用 Numpy 创建一维数组和多维数组?

2. 数据类型有哪几种?

3. 将数组[1,2,3,4,5,6,7,8]变形为 4×2 维的矩阵形式。

4. 利用 Numpy 求两个数组[2,3,5,6,7,8,1,0]和[1,4,7,8,9,0,3,1]对应元素乘积之和。

5. 利用 Python 计算 $2 \times \sin\frac{\pi}{4} + \ln 5$ 的值。

6. 定义一个数组 array1=np. array([[1,2,3],[4,5,6],[7,8,9]]),计算这个数组的 max、min、std、var、median 统计指标。

7. 生成区间为[2,4)的 3×2 维随机数组。

8. 创建一个 5×5 的矩阵且每一行的值范围为从 0 到 4。

4 Pandas 库的使用

学习目标

1. 了解 Pandas 框架的导入方式；
2. 掌握 Pandas 的基本数据结构 Series 和 DataFrame；
3. 掌握 Pandas 的基本功能模块。

在第 3 章，我们学习了 Python 强大的科学计算和数据分析 Numpy。然而，Numpy 只是用于基本的数据分析，本身并没有很多高级数据分析的功能。因此，Python 进一步提供了一个建立在 Numpy 基础上的数据分析包 Pandas，它能够进一步增强 Numpy 的功能。

4.1 Pandas 简介

Pandas 一词来源于计量经济学中的术语 Panel Datas（面板数据）的缩写。Pandas 能够以表格的形式组织数据，并将描述性的标签添加到表格的行和列。而且，Pandas 提供了很多工具帮助我们处理各种格式的数据以及缺失的数据。此外，Pandas 也适合处理时间序列数据和大型数据库的数据。总之，Pandas 能够更加便捷高效地处理数据分析任务。因此，很多与数据科学相关的人员都将 Pandas 作为高级数据分析的基础工具包。Numpy、Pandas 库是更大的 scipy 程序库的组成部分，scipy 目前广泛地被数据科学、人工智能、数学、机械制造和生物工程等领域的人员应用。

4.2 Pandas 基本数据结构

Pandas 分为三种数据结构：一维的 Series，二维的 DataFrame，三维的 MultiIndex。各种数据结构的类型及其特点总结如表 4-1 所示。

表 4-1 Pandas 基本数据结构

结构	类型	特点
Series	一维数组，有索引	Series 中只允许存储同种类型数据
DataFrame	二维的表格型数据结构	可以将 DataFrame 理解为 Series 的容器
MultiIndex	索引类型	MultiIndex 可以在 Series 和 DataFrame 中实现多维数据的表示

在利用 Pandas 进行数据分析之前，需要引入 Pandas 包。引入 Pandas 包，并将其命名为公约的缩写形式 pd，命令如下：

import pandas as pd

下面我们将详细介绍 Pandas 的三种数据结构。

4.2.1 一维的 Series 结构

Series 可以看成是一列数据，或一组与某个单个变量相关的观察数据集合。由于 Pandas 是建立在 Numpy 包基础之上的，所以 Numpy 中的一维数组都可以转化为 Pandas 一维的 Series 结构。创建 Series 的基本形式为：

s = Series(data, index = index, name = name)

下面介绍几种常见的 Series 创建方法。

实例 1：通过数组 array 创建 Series。

```
import pandas as pd
s=pd.Series([1,2,3,4,5])
print(s)
```

运行结果如下：

0　　1

1　　2

2　　3

3　　4

4　　5

dtype: int64

实例 2:通过列表 List 创建 Series。

```
import pandas as pd
s=pd.Series((1,2,3,4,5))
print(s)
```

运行结果如下:

0　　1

1　　2

2　　3

3　　4

4　　5

dtype: int64

实例 3:通过数组 array 创建 Series,并指定索引标签。

```
import pandas as pd
s=pd.Series([1,2,3,4,5],index=['a','b','c','d','e'])
print(s)
```

运行结果如下:

a　　1

b　　2

c　　3

d　　4

e　　5

dtype: int64

此外,在 Series 结构内部,数据是以 Numpy 数组的形式存储的,所以对其索引与对 Numpy 数组索引方式相似,因此可以采用具有键值对的字典形式构造 Series 数据。

实例 4：采用具有键值对的字典形式构造 Series 数据，并通过标签索引提取元素。

```
import pandas as pd
s1=pd.Series({'a':1,'b':2,'c':3})
print(s1['a'])
```

运行结果如下：

1

实例 5：采用具有键值对的字典形式构造 Series 数据，并通过下标位置索引提取元素。

```
import pandas as pd
s1=pd.Series({'a':1,'b':2,'c':3})
print(s1[0])
```

运行结果如下：

1

实例 6：采用具有键值对的字典形式构造 Series 数据，并通过数据切片提取元素。

```
import pandas as pd
s1=pd.Series({'a':1,'b':2,'c':3})
print(s1[0:2])
```

运行结果如下：

a　　1

b　　2

dtype：int64

实例 7：通过随机数 random 创建 Series，并指定列标签。

```
import numpy as np
import pandas as pd
ser=pd.Series(np.random.random(5),name='Column_01')
print(ser)
```

运行结果如下：

0　　0.129855

```
1      0.851730
2      0.695443
3      0.263087
4      0.784189
Name: Column_01, dtype: float64
```

4.2.2 二维的 DataFrame 结构

DataFrame 是将多个 Series 按列合并形成的二维结构,每一列单独取出来都是一个 Series。可以将 DataFrame 看成是数据库中的一张表,因为 DataFrame 与数据库里表的存储结构类似,表中每列数据类型也是一致的。这样,不同类型的 Series 就可以存储在同一个 DataFrame 结构中。这也是 DataFrame 比较明显的一个优点。

DataFrame 的创建可以采用不同的方式,最简单的方式是直接从 CSV 等文件读取创建,或是从某个平台数据库的 API 接口访问获取,也可以首先创建一个 Series 字典,然后再转换成 DataFrame 结构。

实例 1:通过读取 Excel 文件创建 DataFrame。

```
import numpy as np
import pandas as pd
data = pd.read_excel('D:/Housing.xlsx')
data.head(10)
```

运行结果如下:

	House Price	House Size (sq.ft.)	State	Number of Rooms	Year of Construction
0	1116000	1940	IN	8	2002
1	860000	1300	IN	5	1992
2	818400	1420	IN	6	1987
3	1000000	1680	IN	7	2000
4	640000	1270	IN	5	1995
5	1010000	1850	IN	7	1998
6	600000	1000	IN	4	2015
7	700000	1100	LA	4	2014
8	1100000	1600	LA	7	2017
9	570000	1000	NY	5	1997

实例 2:通过读取数据库平台 API 接口获取数据,并创建 DataFrame。

```
import numpy as np
import pandas as pd
from pandas_datareader import data as wb
PG = wb.DataReader('PG', data_source='yahoo', start='2015-1-1')
    PG.head()
```

运行结果如下:

Date	High	Low	Open	Close	Volume	Adj Close
2014-12-31	92.550003	91.029999	92.040001	91.089996	5712100.0	74.989510
2015-01-02	91.000000	89.919998	90.839996	90.440002	7251400.0	74.454414
2015-01-05	91.000000	89.849998	90.230003	90.010002	8626100.0	74.100410
2015-01-06	90.559998	89.260002	90.309998	89.599998	7791200.0	73.762878
2015-01-07	90.370003	89.559998	89.940002	90.070000	5986600.0	74.149811

实例 3:通过构建字典创建 DataFrame,默认的索引是自然数。注意:这里作为字典值的列表,其长度必须一致,否则会报错。

```
import pandas as pd
d={'one':[0,1,2],'two':['zero','one','two'],'three':[0.0,1.0,2.0]}
df=pd.DataFrame(d)
print(df)
```

运行结果如下:

	one	two	three
0	0	zero	0.0
1	1	one	1.0
2	2	two	2.0

实例 4:通过构建字典创建 DataFrame,并自定义索引标签。

```
import pandas as pd
d={'one':pd.Series([0,1,2],index=['a','b','c']),'two':pd.Series(['zero','one',
```

```
'two'],index=['a','b','c']),'three':pd.Series([0.0,1.0,2.0],index=['a','b','c'])}
df=pd.DataFrame(d)
print(df)
```

运行结果如下:

	one	two	three
a	0	zero	0.0
b	1	one	1.0
c	2	two	2.0

实例5:通过 concat 函数基于 Series 或 DataFrame 创建一个 DataFrame。其中,对于 concat 函数,参数 axis=1 表示按列合并,axis=0 表示按行合并。

```
import pandas as pd
s1=pd.Series([0,1,2],index=['a','b','c'])
s2=pd.Series(['zero','one','two'],index=['a','b','c'])
df=pd.concat([s1,s2],axis=1)
print(df)
```

运行结果如下:

	0	1
a	0	zero
b	1	one
c	2	two

实例6:创建一个空的 DataFrame。

```
import pandas as pd
df=pd.DataFrame(None)
print(df)
```

运行结果如下:

Empty DataFrame

Columns: [ ]

Index：[ ]

因为 DataFrame 是按列存储的结构，因此对 DataFrame 的操作都可以视为先从 DataFrame 中取一列，成为一个 Series，然后再从这个 Series 里读取元素。在这种思路下，可以利用 DataFrame[ ]索引选取列，而且可以选取多列，如下所示。

实例 7：利用字典键 keys 来索引 DataFrame 实例中的数据元素。

```
import pandas as pd
d={'one':pd.Series([0,1,2],index=['a','b','c']),'two':pd.Series(['zero','one','
two'],index=['a','b','c']),'three':pd.Series([0.0,1.0,2.0],index=['a','b','c'])}
df=pd.DataFrame(d)
print(df[['one','three']])
```

运行结果如下：

	one	three
a	0	0.0
b	1	1.0
c	2	2.0

实例 8：利用 DataFrame 的属性列名(colume_name)索引列，但只能选取一列。

```
import pandas as pd
d={'one':pd.Series([0,1,2],index=['a','b','c']),'two':pd.Series(['zero','one','
two'],index=['a','b','c']),'three':pd.Series([0.0,1.0,2.0],index=['a','b','c'])}
df=pd.DataFrame(d)
print(df.two)
```

运行结果如下：

a　　zero

b　　one

c　　two

Name：two，dtype：object

4.2.3 三维数据结构

DataFrame 是 Pandas 中用于存储二维数据的数据结构,通常由行和列组成。当需要存储三维数据时,可以使用 MultiIndex 为 DataFrame 的行或列添加额外的层级,将其扩展为三维或更高维度的数据表示。

MultiIndex 是一种多级索引结构,可以为 DataFrame 的一个轴(通常是行轴)创建多个层级的索引,从而实现对高维数据的模拟存储和操作。

实例 1:创建一个空的三维数据结构。

```
import pandas as pd
# 创建一个空的 MultiIndex 表示三维结构
index = pd.MultiIndex.from_product([[], [], []])
df = pd.DataFrame(index=index)
print(df)
```

运行结果如下:

Empty DataFrame

Columns: [ ]

Index: [ ]

实例 2:使用 ndarray 创建三维数据结构。

```
import pandas as pd
import numpy as np
#生成一个三维的 ndarray
data=np.random.rand(2,3,4)
#重塑 ndarray 为二维,并创建相应的 MultiIndex
reshaped_data=data.reshape((data.shape[0]* data.shape[1],data.shape[2]))
index=pd.MultiIndex.from_product([range(data.shape[0]),range(data.shape
[1])])
df=pd.DataFrame(reshaped_data,index=index)
print(df)
```

运行结果如下:

		0	1	2	3
0	0	0.646457	0.514491	0.841886	0.845111
	1	0.479600	0.718445	0.245145	0.161459
	2	0.537035	0.202487	0.449447	0.793206
1	0	0.838465	0.648371	0.136866	0.777579
	1	0.875483	0.407533	0.200856	0.764026
	2	0.243728	0.219772	0.908032	0.022384

实例 3:查看各维度上的数据内容。

```
import pandas as pd
import numpy as np
#生成一个三维的 ndarray
data=np.random.rand(2,3,4)
reshaped_data=data.reshape((data.shape[0]* data.shape[1],data.shape[2]))
index=pd.MultiIndex.from_product([range(data.shape[0]),range(data.shape
[1])])
df=pd.DataFrame(reshaped_data,index=index)
#查看类似于原 major_axis 维度上的数据
print(df.loc[(0,slice(None))])
print(df.loc[(1,slice(None))])
```

运行结果如下:

	0	1	2	3
0	0.196823	0.138004	0.203720	0.974545
1	0.336414	0.537745	0.244589	0.508186
2	0.664331	0.149693	0.985272	0.177379

	0	1	2	3
0	0.246960	0.550707	0.119356	0.260955
1	0.801945	0.301041	0.746921	0.151166
2	0.786403	0.598436	0.113361	0.214868

df.loc[(0, slice(None))]:使用 loc 方法查看第一个维度为 0 的数据,slice

(None)表示选取该维度下的所有元素,类似于原 major_axis 维度的数据查看。

df. loc[(1,slice(None))]:查看第一个维度为 1 的数据,对应于原 major_axis 维度的数据查看。

实例 4:使用字典 dict 创建三维数据结构。

```
import pandas as pd
import numpy as np
Data = {
'Item1':pd.DataFrame(np.random.randn(5, 3)),
'Item2':pd.DataFrame(np.random.randn(5, 4)),
'Item3':pd.DataFrame(np.random.randn(5, 5))
}
#将多个 DataFrame 合并为一个带 MultiIndex 的 DataFrame
dfs=[]
for key,df in data.items():
  df.index = pd.MultiIndex.from_product([[key],df.index])
  dfs.append(df)
combined_df = pd.concat(dfs)
print(combined_df)
```

运行结果如下:

```
                0         1         2         3         4
Item1 0 -0.277245  0.418549  0.576999       NaN       NaN
      1 -0.522598  0.852067 -1.902834       NaN       NaN
      2  1.588556 -1.500032 -1.112804       NaN       NaN
      3  1.055327  0.379845  1.139798       NaN       NaN
      4  1.956634 -0.387921 -0.968040       NaN       NaN
Item2 0  0.358081 -0.930296 -0.963562  0.651753       NaN
      1  0.618746 -0.524698 -0.200820  0.044051       NaN
      2  1.863501 -0.869533 -0.092855 -0.211073       NaN
      3 -0.922024  0.821632  0.399038  0.494611       NaN
      4 -0.492867  1.108573 -0.109089  0.456120       NaN
Item3 0  0.606199  1.623472 -0.579640  0.385376  0.880037
      1  0.074684  0.185489  0.564793 -0.264714 -0.017293
      2 -0.499140 -1.420171 -0.705074 -0.309291 -0.813734
      3  0.826188  0.439537 -0.942337  1.801771 -0.686388
      4 -0.415688 -0.963744 -0.559572 -0.226325  0.137345
```

实例 5：查看第一列的数据。

```
import pandas as pd
import numpy as np
Data = {
'Item1':pd.DataFrame(np.random.randn(5, 3)),
'Item2':pd.DataFrame(np.random.randn(5, 4)),
'Item3':pd.DataFrame(np.random.randn(5, 5))
}
#将多个 DataFrame 合并为一个带 MultiIndex 的 DataFrame
dfs=[]
for key,df in data.items():
  df.index = pd.MultiIndex.from_product([[key],df.index])
  dfs.append(df)
combined_df = pd.concat(dfs)
print(combined_df)
print(combined_df.iloc[:, 0])
```

运行结果如下：

Item1	0	1.346464
	1	0.470020
	2	-0.855405
	3	-0.054852
	4	0.688626
Item2	0	-0.413811
	1	-0.563435
	2	0.424151
	3	-0.957238
	4	1.578357
Item3	0	0.355856
	1	-0.111582

```
2        0.601427
3       -1.250553
4        1.463762
Name:0,dtype:float64
```

4.3 Pandas 基本功能介绍

Pandas 针对不同的数据结构,内置了一系列基本功能函数,总结如表 4-2 所示。

表 4-2 Pandas 基本功能函数介绍

函数名	功能描述
add	可以将两个 Series 数据按元素相加
map	能够根据输入的对应关系进行映射
sum	求和函数
mean	均值函数
max	最大值函数
min	最小值函数
describe	可以用于描述数据统计量特征
apply	将函数作用于一维向量中的每个元素
applymap	将函数作用于 DataFrame 中的每个元素
insert	插入数据
drop	删除数据
loc	通过行索引 "Index" 中的标签值取行数据
iloc	通过行号取行数据
sort_index	按指定索引值进行排序

实例 1:多个 Series 元素间的求和功能,add( )函数可以将多个 Series 数据按元素相加。

```
import pandas as pd
import numpy as np
a = pd.Series([1, 1, 1, np.nan], index=['a', 'b', 'c', 'd'])
b = pd.Series([1, np.nan, 1, np.nan], index=['a', 'b', 'd', 'e'])
print(a.add(b, fill_value=0))
```

其中,np. nan 表示此值为空缺值,运行结果如下:

```
a    2.0
b    1.0
c    1.0
d    1.0
e    NaN
dtype:float64
```

Pandas 为 Series 数据提供了一个 map 函数,该函数能够根据输入的对应关系进行映射,即将输入的某个序列数据映射为另一个值的序列数据。map 函数的基本形式如下:

Series. map(arg,na_action=None),其中,

arg 是参数,通常为一个函数或含有映射关系的字典型对象。

na_action 默认是 None;若 na_action=ignore,则表示可以将空值传递给 map 函数。

实例 2:定义一个普通的 Series 实例。

```
import pandas as pd
import numpy as np
s=pd.Series(['tiger','cat','dof',np.nan,'goat'])
print(s)
```

运行结果如下:

```
0    tiger
1    cat
2    dof
```

3　　NaN

4　　goat

dtype:object

实例3:利用map函数将输入的某个序列数据映射为另一个值的序列数据。

```
import pandas as pd
import numpy as np
s1 = pd.Series([1,2,3], index=['one', 'two', 'three'])
s2 = pd.Series(['foo', 'bar', 'baz'], index=[1,2,3])
print(s1.map(s2))
```

运行结果如下:

one　　foo

two　　bar

three　　baz

dtype:　object

Pandas为Series提供了丰富的方法操作数据,更多的相关函数可以参考官方网址:http://pandas. pydata. org/pandas - docs/version/0. 23. 4/generated/pandas. Series. html。

对于DataFrame数据,Pandas也提供了丰富的函数支撑各种情景下的数据分析应用。

实例4:求和函数功能。sum()函数能够返回DataFrame数据的求和值。其中,分轴参数axis的定义是axis:{index(0),columns(1)},即axis为0表示按索引值求和,axis为1表示按列求和。不特殊指定时,axis默认为0。

```
import pandas as pd
d={'one':pd.Series([0,1,2],index=['a','b','c']),'two':pd.Series([4,5,6],
index=['a','b','c']),'three':pd.Series([-1,-2,-3],index=['a','b','c'])}
df=pd.DataFrame(d)
print(df.sum(axis=0))
```

运行结果如下所示：

```
one      3
two      15
three    -6
dtype:   int64
```

实例 5：求和函数 sum( )，设置 axis 为 1，则表示按横轴元素求和。

```
import pandas as pd
d={'one':pd.Series([0,1,2],index=['a','b','c']),'two':pd.Series([4,5,6],
index=['a','b','c']),'three':pd.Series([-1,-2,-3],index=['a','b','c'])}
df=pd.DataFrame(d)
print(df.sum(axis=1))
```

运行结果如下：

```
a        3
b        4
c        5
dtype:   int64
```

实例 6：统计数据平均值，mean( ) 函数能够对数据的元素求算术平均值并返回。

```
import pandas as pd
d={'one':pd.Series([0,1,2],index=['a','b','c']),'two':pd.Series([4,5,6],
index=['a','b','c']),'three':pd.Series([-1,-2,-3],index=['a','b','c'])}
df=pd.DataFrame(d)
print(df.mean(axis=1))
```

运行结果如下：

```
a    1.000000
b    1.333333
c    1.666667
```

dtype: float64

实例 7:统计数据最大值,max()函数用于求取数据结构中最大元素值。

```
import pandas as pd
d={'one':pd.Series([0,1,2],index=['a','b','c']),'two':pd.Series([4,5,6],
index=['a','b','c']),'three':pd.Series([-1,-2,-3],index=['a','b','c'])}
df=pd.DataFrame(d)
print(df.max(axis=1))
```

运行结果如下:

```
a    4
b    5
c    6
dtype: int64
```

实例 8:统计数据最小值,min()函数用于求取数据结构中最小值元素值。

```
import pandas as pd
d={'one':pd.Series([0,1,2],index=['a','b','c']),'two':pd.Series([4,5,6],
index=['a','b','c']),'three':pd.Series([-1,-2,-3],index=['a','b','c'])}
df=pd.DataFrame(d)
print(df.min(axis=1))
```

运行结果如下:

```
a    -1
b    -2
c    -3
dtype: int64
```

实例 9:描述数据统计量特征。在做数据分析时,常需要了解数据元素的特征,describe()函数可以用于描述数据统计量特征。

```
import pandas as pd
d={'one':pd.Series([0,1,2],index=['a','b','c']),'two':pd.Series([4,5,6],
index=['a','b','c']),'three':pd.Series([-1,-2,-3],index=['a','b','c'])}
```

```
df=pd.DataFrame(d)
print(df.describe())
```

运行结果如下：

	one	two	three
count	3.0	3.0	3.0
mean	1.0	5.0	-2.0
std	1.0	1.0	1.0
min	0.0	4.0	-3.0
25%	0.5	4.5	-2.5
50%	1.0	5.0	-2.0
75%	1.5	5.5	-1.5
max	2.0	6.0	-1.0

有时候，根据需求，也可以自定义函数。此时，有两种方式：第一种是apply，是针对整行或整列的操作，即一个 Series 的每个元素；第二种是applymap，与 Series 的 map 类似，表示对 DataFrame 的每个数据都进行同样的操作。下面分别对两种函数举例说明。

实例 10：应用 apply 方法自定义函数。

```
import pandas as pd
d={'one':pd.Series([0,1,2],index=['a','b','c']),'two':pd.Series([4,5,6],index=['
a','b','c']),'three':pd.Series([-1,-2,-3],index=['a','b','c'])}
df=pd.DataFrame(d)
def rangex(df):
    return df.max()-df.min()
print(df.apply(rangex))
```

运行结果如下：

one	2
two	2
three	2

dtype:　int64

实例 11:应用 applymap 方法自定义函数。

```
import pandas as pd
d={'one':pd.Series([0,1,2],index=['a','b','c']),'two':pd.Series([4,5,6],index=['
a','b','c']),'three':pd.Series([-1,-2,-3],index=['a','b','c'])}
df=pd.DataFrame(d)
def mutiply_two(x):
  return x* 2
print(df.applymap(mutiply_two))
```

运行结果如下:

	one	two	three
a	0	8	-2
b	2	10	-4
c	4	12	-6

此外,Pandas 也支持对 DataFrame 进行增加、删除、改变行或列操作。

实例 12:利用 insert 函数对 DataFrame 实例增加数据。

```
import pandas as pd
d={'one':pd.Series([0,1,2],index=['a','b','c']),'two':pd.Series([4,5,6],index=['
a','b','c']),'three':pd.Series([-1,-2,-3],index=['a','b','c'])}
df=pd.DataFrame(d)
def mutiply_two(x):
   return x* 2
df1=df.applymap(mutiply_two)
df1.insert(3,'four',[1,2,3])
print(df1)
```

运行结果如下:

	one	two	three	four
a	0	8	-2	1

b	2	10	-4	2
c	4	12	-6	3

实例 13:利用 loc 函数索引指定标签的数据,如果没有该标签,则增加一行数据。

```
import pandas as pd
d={'one':pd.Series([0,1,2],index=['a','b','c']),'two':pd.Series([4,5,6],index=['
a','b','c']),'three':pd.Series([-1,-2,-3],index=['a','b','c'])}
df=pd.DataFrame(d)
def mutiply_two(x):
    return x* 2
df1=df.applymap(mutiply_two)
df1.insert(3,'four',[1,2,3])
df1.loc["d"]=[9,10,11,12]
print(df1)
```

运行结果如下:

	one	two	three	four
a	0	8	-2	1
b	2	10	-4	2
c	4	12	-6	3
d	9	10	11	12

实例 14:利用 iloc 函数索引指定下标位置的数据。如可以对 iloc 函数索引到的数据进行数据替换。

```
import pandas as pd
d={'one':pd.Series([0,1,2],index=['a','b','c']),'two':pd.Series([4,5,6],index=['
a','b','c']),'three':pd.Series([-1,-2,-3],index=['a','b','c'])}
df=pd.DataFrame(d)
def mutiply_two(x):
    return x* 2
df1=df.applymap(mutiply_two)
df1.insert(3,'four',[1,2,3])
```

```
df1.iloc[2]=[9,10,11,12]
print(df1)
```

运行结果如下：

	one	two	three	four
a	0	8	-2	1
b	2	10	-4	2
c	9	10	11	12

实例 15：利用 drop 函数对指定的行、列进行删除操作，如删除下面 DataFrame 实例的第四列数据。

```
import pandas as pd
d={'one':pd.Series([0,1,2],index=['a','b','c']),'two':pd.Series([4,5,6],index=['
a','b','c']),'three':pd.Series([-1,-2,-3],index=['a','b','c'])}
df=pd.DataFrame(d)
def mutiply_two(x):
    return x* 2
df1=df.applymap(mutiply_two)
df1.insert(3,'four',[1,2,3])
df1.loc["d"]=[9,10,11,12]
df2=df1.drop('four',axis=1,inplace=False)
print(df2)
```

运行结果如下：

	one	two	three
a	0	8	-2
b	2	10	-4
c	4	12	-6
d	9	10	11

实例 16：利用 drop 函数对指定的行、列进行删除操作，如删除下面 DataFrame 实例的第四行的数据。

```
import pandas as pd
d={'one':pd.Series([0,1,2],index=['a','b','c']),'two':pd.Series([4,5,6],index=['
a','b','c']),'three':pd.Series([-1,-2,-3],index=['a','b','c'])}
df=pd.DataFrame(d)
def mutiply_two(x):
    return x* 2
df1=df.applymap(mutiply_two)
df1.insert(3,'four',[1,2,3])
df1.loc["d"]=[9,10,11,12]
df2=df1.drop("d",axis=0,inplace=False)
print(df2)
```

运行结果如下：

	one	two	three	four
a	0	8	-2	1
b	2	10	-4	2
c	4	12	-6	3

最后，Pandas 也为 Dataframe 提供了排序功能。Dataframe 的排序可以按照列或行的名字进行排序，也可以按照数值进行排序。

实例 17：对 DataFrame 实例按照第三列数据进行排序，默认的排序是按升序进行的。

```
import pandas as pd
d={'one':pd.Series([2,1,3],index=['a','b','c']),'two':pd.Series([7,5,2],index=['
a','b','c']),'three':pd.Series([-1,-5,-3],index=['a','b','c'])}
df=pd.DataFrame(d)
def mutiply_two(x):
    return x* 2
df1=df.applymap(mutiply_two)
print(df1)
df2=df1.sort_values(by='three')
print(df2)
```

运行结果显示了排序前的数据和排序后的数据结果。

	one	two	three
a	4	14	-2
b	2	10	-10
c	6	4	-6

	one	two	three
b	2	10	-10
c	6	4	-6
a	4	14	-2

实例 18：对 DataFrame 实例按行进行排序。按行排序是根据关键字的字符串顺序进行的，默认为升序。

```
import pandas as pd
d={'two':pd.Series([2,1,3],index=['a','b','c']),'one':pd.Series([7,5,2],index=['
a','b','c']),'three':pd.Series([-1,-5,-3],index=['a','b','c'])}
df=pd.DataFrame(d)
def mutiply_two(x):
  return x* 2
df1=df.applymap(mutiply_two)
print(df1)
df2=df1.sort_index(axis = 1,ascending = True)
print(df2)
```

运行结果分别显示了排序前和排序后的数据结果。

	two	one	three
a	4	14	-2
b	2	10	-10
c	6	4	-6

	one	three	two
a	14	-2	4

b	10	−10	2
c	4	−6	6

4.4 Pandas 分类类型

Pandas 提供了一个特殊的分类类型，用于保存使用整数分类表示法的数据。通过使用 Pandas 分类类型，能够提高数据分析性能和内存的使用效率。

实例 1：为了说明 Pandas 分类类型的优点，首先构造一个 DataFrame 数据。

```
import numpy as np
import pandas as pd
fruits = ['apple', 'banana', 'apple', 'apple', 'pear','banana'] * 2
N = len(fruits)
df = pd.DataFrame({'fruit': fruits,
'id': np.arange(N),
'count': np.random.randint(2, 14, size=N),
'weight': np.random.uniform(0, 6, size=N)},
columns=['id', 'fruit', 'count', 'weight'])
print(df)
```

运行结果如下：

	id	fruit	count	weight
0	0	apple	7	5.065596
1	1	banana	13	5.462971
2	2	apple	10	3.325660
3	3	apple	5	3.653865
4	4	pear	13	1.507260
5	5	banana	12	3.171655
6	6	apple	12	3.324673
7	7	banana	7	4.304442

8	8	apple	13	3.605617
9	9	apple	12	5.363507
10	10	pear	12	2.153847
11	11	banana	3	5.235063

实例 2：对上述 DataFrame 实例利用分类类型对数据分类表示。

```
import numpy as np
import pandas as pd
fruits = ['apple', 'banana', 'apple', 'apple', 'pear','banana'] * 2
N = len(fruits)
df = pd.DataFrame({'fruit': fruits,
'id': np.arange(N),
'count': np.random.randint(2, 14, size=N),
'weight': np.random.uniform(0, 6, size=N)},
columns=['id', 'fruit', 'count', 'weight'])
fruit_catergory = df['fruit'].astype('category')
print(fruit_catergory)
```

运行结果如下：

0	apple
1	banana
2	apple
3	apple
4	pear
5	banana
6	apple
7	banana
8	apple
9	apple
10	pear
11	banana

Name:fruit,dtype:category

Categories(3,object):['apple','banana','pear']

实例 3:对上述 DataFrame 实例,测试分类前后对内存的使用情况。

```
import numpy as np
import pandas as pd
fruits = ['apple', 'banana', 'apple', 'apple', 'pear','banana'] * 2
N = len(fruits)
df = pd.DataFrame({'fruit': fruits,
'id': np.arange(N),
'count': np.random.randint(2, 14, size=N),
'weight': np.random.uniform(0, 6, size=N)},
columns=['id', 'fruit', 'count', 'weight'])
fruit_catergory = df['fruit'].astype('category')
print(sum(df.memory_usage()))
print(fruit_catergory.memory_usage())
```

运行结果如下:

368

196

显然,使用整数分类表示法可以减少内存使用,提高数据处理效率。事实上,Pandas 提供了更加高级分类功能函数 GroupBy,在下面的章节,我们将详细介绍 GroupBy 的应用。

4.5 GroupBy 高级应用

GroupBy 是 Pandas 的一个功能强大函数,与 Sql 中的分组和 Excel 数据透视表类似。GroupBy 之所以分类操作效率更高,是因为其底层算法使用的是整数编码数组,而不是字符串数组。

实例 1:创建一个 DataFrame 实例。

```
import numpy as np
import pandas as pd
df = pd.DataFrame({'key1':list('aabbac'),
```

```
'key2': ['one','two','one','two','one','one'],
'data1': np.random.randn(6),
'data2': np.random.randn(6)})
print(df)
```

运行结果如下：

	key1	key2	data1	data2
0	a	one	1.479059	-0.475322
1	a	two	-0.947069	-0.480809
2	b	one	0.097295	1.451814
3	b	two	0.886165	-1.130363
4	a	one	-0.264212	1.277113
5	c	one	0.283861	0.797453

实例 2：对上述 DataFrame 实例，按关键词 key1 对元素进行分组，然后求均值。

```
import numpy as np
import pandas as pd
df = pd.DataFrame({'key1':list('aabbac'),
'key2': ['one','two','one','two','one','one'],
'data1': np.random.randn(6),
'data2': np.random.randn(6)})
groups=df['data1'].groupby(df['key1'])
print(groups.mean())
```

运行结果如下：

key1
a   0.089259
b   0.491730
c   0.283861
Name: data1, dtype: float64

4.6 链式编程技术

Pandas 的链式编程技术，能够减少中间变量不必要的存储，提高内存的使用效率。

链式调用是一种编程风格，通过连续调用对象的方法，可以简化代码、提高可读性。在 Python 中，链式调用常用于构建流畅的 API、配置对象或实现一系列的数据处理操作。本书将深入介绍 Python 链式调用的概念、原理以及实际应用，通过丰富的示例代码，帮助读者更全面地理解和应用这一编程技巧。

链式调用是一种通过连续调用对象的方法，使得代码可读性更强、结构更清晰的编程风格。在链式调用中，每个方法的返回值通常是一个包含了其他方法的对象，这样就可以在单一的表达式中完成多个操作。

实例：使用链式编程技术。

```
class Chain(object):
    def __init__(self, path=''):
      self._path = path
    def __getattr__(self, path):
      return Chain('% s/% s'% (self._path, path))
    def __str__(self):
      return self._path
print(Chain().status.user.timeline.list)
```

运行结果如下：

/status/user/timeline/list

本章习题

1. 利用 Pandas 分别构造一维、二维和三维数组。

2. apply、applymap 和 map 函数的区别是什么？

3. 在网址 http://archive. ics. uci. edu/ml/datasets/iris 页面下载 iris 数据集，并利用 groupby 函数按 species 属性进行分组，分别计算出各组的大小和最

大值。

4. 利用链式编程技术实现一个小程序。

5. 在网址 http://archive.ics.uci.edu/ml/datasets/iris 页面下载 iris 数据集，并按照 sepal length 从小到大排列。

6. 在网址 http://archive.ics.uci.edu/ml/datasets/iris 页面下载 iris 数据集，删除列 sepal width。

下篇

数据采集实战应用

5 基于 Python 的爬虫基础类库的使用

学习目标

1. 了解数据采集的知识体系与基本原理；
2. 掌握 Python requests 库的基本使用；
3. 掌握 Python Urllib 库的基本使用；
4. 掌握正则表达式的使用。

互联网的高速发展，为大数据时代海量数据的采集提供了可能。传统的人工数据采集方法在海量数据面前已经无能为力，因此亟须自动化的数据采集方法。在此背景下，Python 提供了一系列的爬虫类库，可以供大数据分析用户使用，包括非常流行的 Scrapy 框架、Selenium 框架和 Splash 框架。

5.1 数据采集知识体系介绍

数据采集，也被称为爬虫，是指通过自动化程序模拟浏览器行为，并按照一定的规则从网站提取信息的脚本或程序。因此，首先需要了解用户使用浏览器上网的基本流程，这个流程可以用图 5-1 表示。

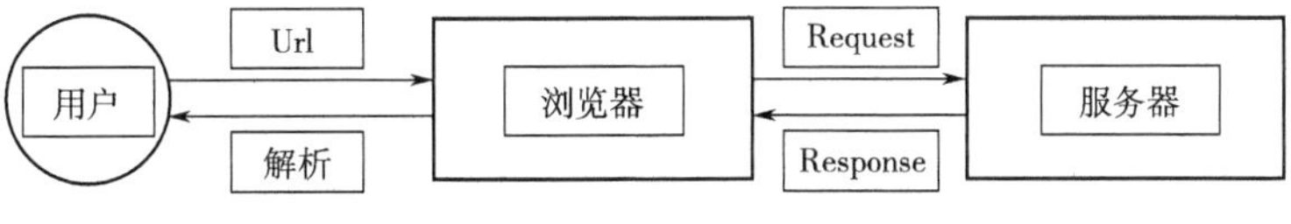

图 5-1 用户使用浏览器上网基本流程

流程包括 4 个步骤：①用户提交想要访问的页面地址 url 给浏览器；②浏览

器收到用户请求后将该请求 Request 发送给服务器端;③服务器根据浏览器的请求做出响应,并将该响应 Response 返回至浏览器;④浏览器对服务器返回的 Response 解析并反馈给用户。

数据采集过程是模仿浏览器上网行为,因此,数据采集过程包括三个阶段:发起数据采集请求、解析网页、提取和保存数据。与日程浏览器上网所不同的是,数据采集只对页面中特定内容进行采集保存。根据数据采集目的的不同,数据采集可以进一步分为通用型数据采集和主题型数据采集。其中,通用型数据采集是指比较适合搜索引擎对互联网上采集各网页的数据;主题型数据采集是指根据用户预先设置的主题或者关键词采集数据。根据采集页面的属性,数据采集可以分为静态页面的数据采集和动态页面的数据采集。

由此可见,数据采集过程的每个阶段都涉及多方面的计算机知识,如 HTTP 原理、网页基本组成、会话和 Cookies 等。这些协议汇总如表 5-1 所示。

表 5-1　数据采集过程相关协议汇总表

协议名称	协议功能
HTTP	超文本传输协议,用于从网络传输超文本数据到本地浏览器的传送协议
HTTPS	以安全为目标的 HTTP 通道,可以看作是 HTTP 的安全版
FTP	文件传输协议,用于网络上文件传输的一套标准传送协议
SMB	服务器消息块协议,用于 Web 连接和客户端与服务器之间的信息互联
SFTP	安全文件传送协议,用于为传输文件提供一种安全的网络加密方法

下面,我们逐一详细介绍这些网络爬虫相关技术的基本原理。

5.1.1　HTTP 基本原理

当在浏览器输入统一资源定位符(URL)时,URL 的开头部分表示访问资源需要的协议类型,如 HTTP、HTTPS、FTP、SMB、SFTP 等。通常讲,在进行数据采集时,大多数采集的页面是 HTTP 协议的。然而,有的时候也会遇到 HTTPS 协议,在此处对这两种常用的资源访问协议类型进行简单介绍和区分。

HTTP,即超文本传输协议(Hyper Text Transfer Protocol),用于从网络传输

超文本数据到本地浏览器的协议。

HTTPS,是以安全为目标的 HTTP 通道,即 Hyper Text Transfer Protocol over Secure Socket Layer,是在 HTTP 下加入 SSL(Secure Socket Layer)层,保证其所传输的内容都是经过 SSL 加密的。

在进行数据采集之前,需要了解 HTTP 基本原理。一般来说,HTTP 请求过程包括请求和响应三个部分:一是请求部分,用户首先在浏览器中输入请求网址的统一资源定位符(URL),它可以唯一确定我们想请求的资源位置。然后,浏览器向该网址所在的服务器发送一个请求;二是响应部分,服务器在接收到这个请求后进行处理和解析,并将对应的包含页面源代码等内容的响应返回给浏览器;三是浏览器对这些内容进行解析,以网页的形式呈现给用户,如图 5-2 所示。

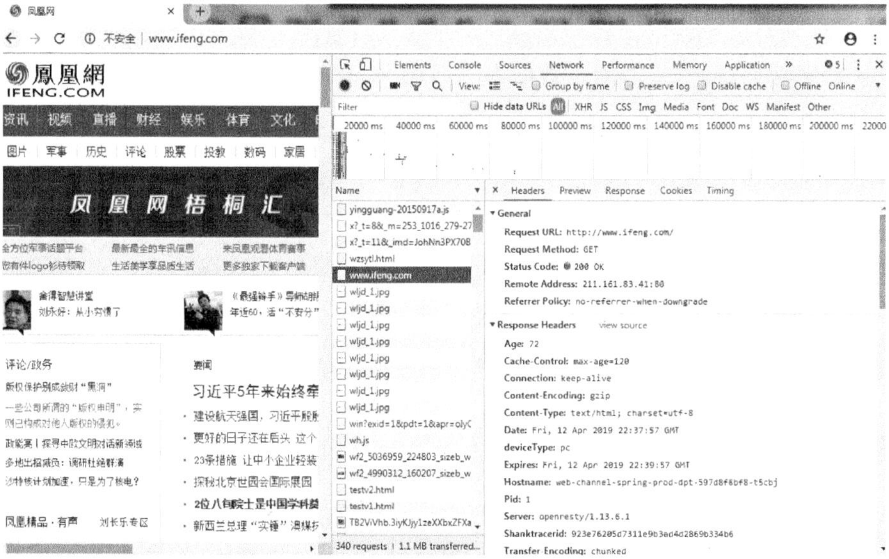

图 5-2　访问凤凰网的请求响应报文截图

从 Web 服务器端采集数据的过程中,HTTP 提供了很多可用的请求(Request)方法,包括 GET、POST、PUT、DELETE、HEAD、OPTIONS、CONNECT 等,这些方法总结如表 5-2 所示。

表 5-2 HTTP 提供的多种请求(Request)方法汇总表

方法	方法描述
GET	请求指定的页面,并返回主体
POST	向指定资源提交数据,请求服务器进行处理
PUT	从客户端上传最新资源以用于更新服务器端的对应资源
DELETE	请求服务器删除 Request-URI 所标识的资源
HEAD	向服务器端发出请求后,可以在不返回全部内容的情况下,获取该资源的元数据
OPTIONS	返回服务器针对特定资源所支持的 HTTP 请求方法
CONNECT	预留给能够将连接改为管道方式的代理服务器
TRACE	回显服务器收到的请求,主要用于测试或诊断

其中,前四种方法常用于数据采集过程,本章重点介绍上述四种方法。

GET 请求方法,是网页请求常用的一种方法,即用户在浏览器中通过输入 URL 地址栏访问网页资源。GET 请求方法,只用于读取服务器的信息,并不对服务器的数据库信息进行改动。

POST 是用户在填写表格或提交信息时,在服务器后端执行的一个脚本。所以,每当用户登录网站时,使用的就是携带用户名和加密密码的 POST 请求方法。因此,相比 GET 方法,POST 请求方法相当于将用户填写表格或提交的数据存在了服务器数据库,这样,POST 方法不仅可以读取服务器端数据,还可以修改服务器端数据。

和前面两个 API 方法相比,PUT 方法并不经常用于和网站交互,但该方法在 API 方法中也时而被用到。PUT 方法主要用于更新对象或信息。例如,POST 方法用于创建一个新的用户,但如果需要更新该用户的 email 地址,这个时候 PUT 方法就发挥作用了。

DELETE 方法,用于删除指定的对象。例如,如果向服务器发送 http://apitest. com/user/25 的 DELETE 请求,那么它将删除 ID 为 25 的用户。

可见,与 GET 方法不同,POST、PUT 和 DELETE 方法要求用户在给定请求网址的同时,在请求主体中添加信息。GET 方法则直接在请求主体内包含了请求的信息参数。因而,一般来说,由于用户登录网址时需要提交用户名和密码,此时使用 GET 请求的话,容易将这些敏感信息暴露在 URL 地址中,造成信息泄露。在此情形下,最好选择以 POST 方法发送请求。

网页端发出请求(Request)之后,服务器端会有响应(Response)。响应的状态有多种,服务器端会反馈首字母为 1 至 5 的响应状态码用于区分这些状态。字母 1 开头的响应码表示请求已经接受,需接后续处理;字母 2 开头的响应码表示请求已经成功被服务器接收、理解并接受;字母 3 开头的响应码表示重定向,即需要在客户端进一步操作才能完成请求;字母 4 开头的响应码表示客户端可能发生了错误;字母 5 开头的响应码表示服务器在请求过程中发生错误。特别的,常用的包括 200 表示响应成功,301 表示跳转,404 表示找不到页面,502 表示服务器出错等。

5.1.2 网页基础

网页是进行数据采集时主要的采集对象,因此有必要了解网页的基础知识。一般来说,网页主要包括了三大部分,即 HTML、CSS 和 JavaScript。

HTML,即超文本标记语言(Hyper Text Markup Language),是用于描述网页的一种语言。HTML 语言,包含一系列不同类型的符号标签,能够有效地表示网页中的文字、图片、视频、表格等内容。这些符号标签,都是成对出现的,并且用“<”“>”形式封装,表 5-3 介绍了 HTML 语言中常用的符号标签。

表 5-3 HTML 语言常用标签

标签名称	标签含义
<html>... </html>	表示标记中间的内容是网页
<body>... </body>	表示是用户可见的内容
<div>... </div>	表示框架
<p>... </p>	表示段落
<li>... </li>	表示列表
<img>... </img>	表示图片
<table>... </table>	表示表格

续表

标签名称	标签含义
<tr>... </tr>	表示表格中的行
<h1>... </h1>	表示1级标题
<a href=“ ”>... </a>	表示超链接内容

CSS,即层叠样式表(Cascading Style Sheets),定义了网页页面排版的样式规则。HTML只是定义了网页的基本结构和内容,页面排版并不美观,只有借助CSS,才能使得页面更为美观。这里,所谓的“层叠”,是指当HTML中引用了多个CSS文件发生冲突时,浏览器对页面的解析是依据层叠顺序进行处理的。

JavaScript是一种脚本语言,能够描述网页中各种交互的内容和特效,为用户提供一种实时的、动态的、交互的页面功能。JavaScript通常是以单独的文件形式加载的,后缀名为js,在HTML中,通过引入script标签,可以引用JavaScript。

5.1.3 数据采集基本原理

前面,我们介绍了数据访问的通信协议类型、数据采集对象网页的基础知识。在此基础之上,需要进一步了解数据采集的基本原理,以便更加有效地采集数据。

众所周知,一个网站是由多个网页相互链接组成的。因此,在数据采集时,我们首先对网站的一个网页节点进行数据采集,然后通过链接关系,跳转到下一个网页进行数据采集,按这种方式,达到访问并采集整个网址数据的目的。

一般讲,数据采集流程包括三个阶段,即获取网页、提取数据和存储数据。

获取网页,即从指定的网页中获取源代码。用户通过浏览器输入网址,向网页所在的服务器发送一个请求,服务器按用户需求返回相应的响应给浏览器,浏览器再进行解析展示给用户。这个过程涉及HTTP,TCP,IP层诸多网络传输通信的技术细节,并且需要知道服务器的响应和应答原理。因此,如果手工实现,将会比较复杂。而Python提供了很多库,能够以较少的代码实现这个操作。

提取数据,即从所获取的源代码中进行分析,将非结构化数据通过提取,得到所需的结构化数据。当前,数据提取可以采用正则表达式的方法,也可以使用一些外部库,如 Beautiful Soup、pyquery、lxml 等。正则表达式通过构造正则项提取数据,方法适用范围较广,但构造较复杂且易出错;外部库则根据网页节点属性、CSS 选择器或 XPath 提取数据,使用便捷。

存储数据,即将所提取到的结构化数据,存储为指定格式或存储到指定数据库中。数据存储格式包括 txt 文本、json 文本等类型,而数据库包括 MySQL、MongoDB 等多种类型。

5.1.4 会话和 Cookies

在 Web 中,会话对象用来存储指定用户会话所需要的属性和配置信息;Cookies 指某些网站为了辨别用户身份、进行会话跟踪而存储在用户本地终端上的数据。会话和 Cookies,主要用于保持 HTTP 连接状态。其中,会话在服务器端,Cookies 在浏览器端。浏览器在下一次访问网页时会自动附带上 Cookies 并发送给服务器,服务器通过识别 Cookies 可以找到对应的会话是什么,然后再依据会话辨认用户和其登录状态,最终返回相应的响应。

综上所述,会话和 Cookies,一个处于服务器端、一个处于浏览器端,两者共同协作,完成用户登录会话控制。

5.1.5 代理的基本原理

当前,很多网站都设置了反爬虫机制。这些反爬虫机制,根据数据采集 IP 请求次数、访问频率等,限制或拒绝数据自动采集,返回错误信息,导致数据采集无法正常进行。在此情形下,数据采集的代理机制应运而生。

代理,即代理服务器(Proxy server),是由代理服务器、代理网络指定用户获取网络信息的。如果设置了代理,在我们请求一个网站时,用户并不是直接通过浏览器向 Web 服务器发起请求,而是向代理服务器发起请求。然后,请求会发送给代理服务器,并由代理服务器再发送给 Web 服务器,接着由代理服务器将 Web 服务器返回的响应转发给浏览器端。按照这种方式,实现用户的数据采集请求。在此过程中,代理的使用,能够隐藏浏览器端 IP 地址,让 Web 服务器误认为是代理服务器在请求自己。这样,在数据采集过程中,通过不断地更换代理,就可以尽量绕过反爬虫机制。

5.2 Python requests 库的基本使用

requests 是数据采集中最为常用的第三方库,该库主要提供了支持数据采集过程的各种方法,常用的包括 get( )、post( )、head( )、put( )、delete( )和 patch( )方法。这些方法的功能总结如表 5-4 所示。

表 5-4 requests 库常用方法及功能描述汇总表

方法	功能描述
get( )	获取 html 的主要方法
post( )	向 html 提交 post 请求的方法
head( )	获取 html 头部信息的请求方法
put( )	向 html 提交 put 请求的方法
delete( )	向 html 提交删除请求
patch( )	向 html 提交局部修改的请求

实例 1:以凤凰网数据采集请求为例,利用 requests. get( )方法的返回响应状态码。

```
import requests
r=requests.get('http://www.ifeng.com')
print(r)
```

运行结果如下:

<Response [200]>

实例 2:以凤凰网数据采集请求为例,利用 requests. get( )方法返回对象的 text 属性读取文本内容,并设置编码格式为 utf-8 以正确显示中文网页内容。

```
import requests
r=requests.get('http://www.ifeng.com')
r.encoding='utf-8'
print(r.text)
```

实例 3:利用 requests. post( )方法,发送一些编码为表单形式的数据,只需简单地传递一个字典给 post( )方法中的 data 参数,这样数据字典在发出请求时会自动编码为表单形式。httpbin. org 是一个专门用于测试的网站,以此网站为例进行 post( )方法的测试。

```
payload = {'key1': 'value1', 'key2': 'value2'}
r = requests.post("http://httpbin.org/post", data=payload)
print(r.text)
```

运行结果如下:

"args": {},
"data": "",
"files": {},
"form": {
  "key1": "value1",
  "key2": "value2"
},
"headers": {
  "Accept": "*/*",
  "Accept-Encoding": "gzip, deflate, br, zstd",
  "Content-Length": "23",
  "Content-Type": "application/x-www-form-urlencoded",
  "Host": "httpbin.org",
  "User-Agent": "python-requests/2.31.0",
  "X-Amzn-Trace-Id": "Root=1-678cf66e-7282f5c6463401bb06ae7243"
},
"json": null,
"origin": "110.176.4.15",
"url": "http://httpbin.org/post"
}

5.3 Python Urllib 库的基本使用

Python 为数据采集提供了一系列库，包括 Urllib 库。Urllib 库是 Python 的标准库(不需要进行额外安装)，封装了跨平台数据请求、维持会话和修改元数据等函数功能。Urllib 库包括了四个模块，即 request 模块、error 模块、parse 模块和 robotparser 模块。

5.3.1 发送请求

Request 模块是用于模拟发送请求的 HTTP 请求模块。只需要给库方法传入 URL 和需求参数，就可以模拟用户在浏览器端输入 URL 请求 Web 服务器的请求和应答过程。Request 模块包括了一些常用的库方法，如 urlopen( )等。

urlopen 方法，可以完成简单网页的数据采集请求发起操作，其形式如下：

urllib. request. urlopen (url, data = None, [timeout,] * , cafile = None, capath = None, cadefault = False, context = None)，其中：

url 表示一个字符串或者请求对象。

data 默认值为 None，表示不需要额外数据的 GET 请求方式，如果指定 data，则表示须指定额外的数据发送到服务器端，此时为 POST 请求方式。

Timeout 为可选参数，指定了阻塞操作的超时时间，单位为秒。

cafile 和 capath 均为可选参数，指定了 HTTPS 协议请求下一套可信的 CA 证书，其中，cafile 指向包含 CA 证书的一个单独文件；capath 指向这个证书文件的哈希字典；如果指定 context 参数，则它必须是 ssl. SSLContext 的一个实例对象。

cadefault 一般选择默认配置 False 即可。

实例 1：以凤凰网数据采集请求为例，利用 urlopen( ) 方法的返回对象是一个 HTTPResponse 类型的对象。

```
import urllib.request
response = urllib.request.urlopen("http://www.ifeng.com/")
print(type(response))
```

输出返回对象类型,结果如下所示:

<class 'http. client. HTTPResponse'>

实例 2:在上面实例基础上,进一步通过 HTTPResponse 属性和方法,如 status 属性,以及 read( )、getheader(name)、getheaders( )等函数,对此对象解析,可以得到如下相关信息。

```
import urllib.request
response = urllib.request.urlopen("http://www.ifeng.com/")
print(response.status)
print(response.getheaders())
print(response.getheader("Server"))
```

运行结果如下:

200

[('Last-Modified','Sun, 19Jan 2025 13:28:32 GMT'),('date', 'Sun, 19Jan202513:28:42GMT'),('content-type','text/html; charset = utf-8'),('vary', 'Accept-Encoding'),('expires', 'Sun, 19 Jan 2025 13:30:32 GMT'),('server-info','tencent-c'),('devicetype','pc'),('access-control-allow-methods', 'PUT, POST, GET, DELETE, OPTIONS'),('access-control-allow-headers','*'),('hostname','web-pages-channel-prod-dpt-7cf8df7887-twkqm'),('access-control-allow-origin','*'),('uuid', '6b0d2433a9c24954a7d0c5f5795ece7b'),('appname','shank/indexPC'),('shankrouter','ucms_shank_router140v17_qcloud'),('content-security-policy','upgrade-insecure-requests'),('Server','LegoServer'),('Cache-Control','max-age = 120'),('Age','57'),('Content-Length','404291'),('Accept-Ranges','bytes'),('X-NWS-LOG-UUID','3369782097545 10523'),('Connection', 'close'),('X-Cache-Lookup', 'Cache Hit')]

Lego Server

从这个实例可见,通过属性 status 和 getheadders( )、getheader(name)方法,分别得到了凤凰网网页请求的状态码、响应的头信息,以及通过传递一个参数得到了 Server 类型。

5.3.2 处理异常

urllib 库的 error 模块,定义了由 request 模块运行所产生的异常。如果不处理这些异常,则数据采集程序可能会因报错而终止运行,因此异常处理在数据采集过程中是十分必要的。

Error 模块包括了 URLError 类和 HTTPError 类。

其中,URLError 是 OSError 的一个子类,通常是因系统相关错误,如文件没有找到或磁盘已满等 I/O 错误而导致的异常。

实例 1:利用 URLError 的 reason 属性,返回采集数据发生错误时的原因。

```
from urllib import request,error
try:
    response=request.urlopen
        ("https://www.jiangchengtest.com/index.htm")
except error.URLError as e:
    print(e.reason)
```

运行结果如下:

[Errno 11001] getaddrinfo failed

由于连接方在一段时间后没有正确答复或连接的主机没有反应,连接尝试失败。

实例 2:利用 URLError 的 reason 属性,返回采集数据在断网情况下访问所发生错误的原因。

```
from urllib import request,error
try:
    response = request.urlopen("https://www.ifeng.com")
except error.URLError as e:
    print(e.reason)
```

运行结果如下:

[Errno 11001] getaddrinfo failed

与 URLError 相似,HTTPError 也可以使用相关的属性和方法,返回错误的状态、原因和 headers 等信息。

实例 3:当输入一个正常域名但资源不存在时,就会抛出 HTTPError 错误。

```
from urllib import request,error
try:
    request=request.urlopen('http://www.zhihu.com/AAAA.html')
except error.HTTPError as e:
    print(e.reason)
```

运行结果如下:

Not Found

总体看,URLError 产生的主要原因包括没有网络连接、服务器连接失败,以及找不到指定服务器等。需要注意的是,HTTPError 是 URLError 的子类,所以在异常处理时,可以先选择捕获子类的错误,再去捕获父类的错误。如果不是 HTTPError 异常,就会捕获 URLError 异常。

实例 4:先选择捕获子类 HTTPError 的错误,再去捕获父类 URLError 的错误。

```
from urllib import request,error
try:
    request=request.urlopen('http://www.ifeng.com',timeout=0.001)
except error.HTTPError as e:
    print(e.reason,e.code)
except error.URLError as e:
    print(e.reason)
else:
    print('OK')
```

运行结果如下:

timed out

5.3.3 解析链接

urllib 库还为数据采集提供了解析模块 Parse,包括一些常用的方法,如 urlparse()、urljoin()和 urlencode()等。它们能够有效地对 URL 地址进行抽取、合并和链接转换等操作。

实例 1:以百度网页对 5G 关键词的搜索网页为例进行解析,利用 urlparse( )方法实现 URL 的解析和识别。

```
from urllib.parse import urlparse
result=urlparse('https://www.baidu.com/s? cl=3&wd=5G')
print(type(result),result)
```

运行结果如下:

<class 'urllib. parse. ParseResult'> ParseResult(scheme='https', netloc='www. baidu. com', path='/s', params='', query='cl=3&wd=5G', fragment='')

可见,urlparse( )方法返回的是一个包含 URL 地址各分段内容的对象,共由 scheme、netloc、path、params、query 和 fragment 六个部分组成。

实例 2:将凤凰网的财经板块和股票模块连接起来,利用 urljoin( )方法,能够将两个链接以参数的形式连接成一个网址,其中,第一个参数为基础链,第二个参数为新的链接,通过 urljoin( )方法,可以实现链接的解析、拼合和生成。

```
from urllib.parse import urljoin
result=urljoin('http://finance.ifeng.com','stock')
print(result)
```

运行结果如下:

http://finance. ifeng. com/stock

实例 3:利用 urllencode( )方法构造 GET 请求参数的 url 形式。

```
from urllib.parse import urlencode
params={'name':'Brown','age':30}
base_url='http://www.baidu.com? '
url=base_url+urlencode(params)
print(url)
```

运行结果如下所示:

http://www. baidu. com? name=Brown&age=30

5.3.4 分析 Robots 协议

Robots 协议,也称为机器人协议或爬虫协议,每个网站都有关于数据采集的规范协议 Robots,用来限定哪些数据可以被采集,哪些数据不可以被采集。因此,数据采集过程应该遵循各网站的 Robots 协议,如果网站不存在 Robots 协议,则可以采集整个网站的数据,否则,需要根据 Robots 所定义的范围进行数据采集。Python 提供了专门的模块 robotparser 对其进行解析。

实例:利用 robotparser 模块的 RobotFileParser 方法,能够根据某网站的 Robots 协议文件判断是否有权限对其进行数据采集。

```
from urllib.robotparser import RobotFileParser
rfp=RobotFileParser()
rfp.set_url('http://www.ifeng.com/robots.txt')
rfp.read()
print(rfp.can_fetch('* ','http://app.finance.ifeng.com/hq/list.php? type =
bond&class=hqz'))
print(rfp.can_fetch('* ','http://finance.ifeng.com/app/hq/stock/sh603299/
index.shtml'))
```

运行结果如下:

True

True

5.4 正则表达式的使用

正则表达式(regular expression),是提取数据时经常使用的一种方法。Python 提供了 re 库,通过特定的语法结构,能够实现字符串的检索、替换、匹配和验证等,使得利用正则表达式提取数据较 BeautifulSoup 库要更加快捷高效。

正则表达式是由一些普通字符和元字符共同组成的表达式,其中,普通字符是指包含大小写的字母和数字,而元字符是指具有特殊含义的符号,例如,$、\、? 等。根据需求写好正则表达式,就可以从原始数据集中匹配到所需要的指定数据。

常用的正则表达式元字符及其功能描述汇总如表 5-5 所示。

表 5-5　常用的正则表达式元字符汇总表

元字符	功能描述
$	匹配一行字符串的结尾
^	匹配一行字符串的开头
.	匹配任意字符,除了换行符
*	匹配 0 个或多个表达式
+	匹配 1 个或多个表达式
?	匹配 0 个或 1 个前面的正则表达式定义的片段
\s	匹配任意空白字符
\S	匹配任意非空字符
\w	匹配字母、数字及下划线
\W	匹配不是字母、数字及下划线的字符
\d	匹配任意数字
\D	匹配任意非数字的字符
\A	匹配字符串的开头
\Z	匹配字符串的结尾
{n}	精确匹配 n 个前面的表达式
a|b	匹配 a 或 b
( )	匹配( )内的表达式

Python 提供了一个用于匹配的方法 match( )。match( )方法会尝试从字符串的起始位置开始匹配,若匹配不成功,则返回空值 None;若匹配成功,则返回匹配成功的结果。

实例:利用 match 方法从内容“Test number_are 45678 and 324”中匹配以下正则表达式“^Test\s\w{10}\s\d{3}”。

```
import re
content='Test number_are 45678 and 324'
print(len(content))
```

```
result=re.match('^Test\s\w{10}\s\d{3}',content)
print(result)
```

运行结果如下:

29

<re. Match object; span=(0, 19), match='Test number_are 456'>

这里,正则表达式中^表示匹配一行字符串的开头,\s 表示匹配任意空白字符,包括空格、制表符和换页符等;\w 表示匹配字母、数字及下划线和中文汉字等;\d 表示匹配任意数字。因此,从结果中可以看到,测试数据内容字符串长度为 29,其中与正则表达式匹配的数据范围为 0-19,匹配内容为"Test number_are 456"。

5.5 XML 文件的解析

虽然从网站上采集得到的网页内容,可以通过正则表达式进行有效数据的提取,但正则表达式的构造烦琐。因此,Python 提供了多种用于解析 HTML 和 XML 文件的库,例如,lxml、pyquery 和 beautifulsoup 库等。利用这些解析库,我们能够高效地从网页内容中提取有效数据。这些常用的解析库名称及其功能描述汇总如表 5-6 所示。

表 5-6 常用的 XML 文件解析库

解析库名称	功能描述
lxml	支持 HTML 和 XML 的解析
pyquery	提供了 jQuery 类似的语法解析 HTML 和 XML 文件
beautifulsoup	支持 HTML 和 XML 的解析,拥有强大的 API 和多样的解析方式

下面,我们逐一介绍这些重要的 XML 解析库。

5.5.1 lxml 解析库的安装

lxml 解析库,是 Python 提供的用于解析 HTML 和 XML 的库,效率较高,支持 XPath 解析。XPath 具有较强的选择功能,能够通过构建匹配规则选择采集节点。如需要选择所有名称为 title，同时属性 lang 值等于 eng 的节点，则构造 XPath 命令如下：

//title[@lang='eng']

其中，//代表从当前节点选取子孙节点，@代表选取属性。这些都是 XPath 常用的表达式。

在 Windows 下可以选择使用 pip 方式直接安装 lxml 库，命令如下：

pip install lxml↙

5.5.2 pyquery 解析库的安装

pyquery 解析库提供了与 jQuery 类似的语法解析 HTML 文件，并且支持 CSS 选择器，解析功能强大，使用方便。

同样，可以使用 pip 方式安装 pyquery 解析库，命令如下：

pip install pyquery↙

安装成功后，界面如图 5-3 所示。

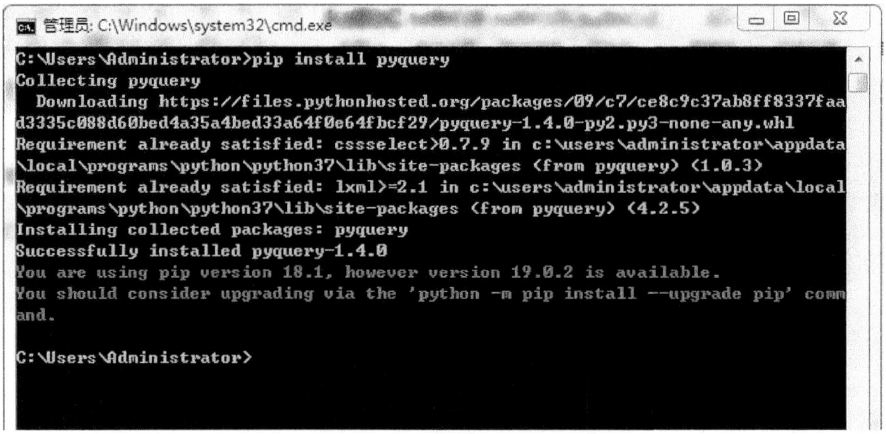

图 5-3 pyquery 解析库安装成果界面

5.5.3 beautifulsoup4 解析库的安装

beautifulsoup4 是用于解析 HTML 和 XML 的一个强大库函数，其依赖于 lxml 库，因此，在安装 beautifulsoup4 之前要确保已安装 lxml 库。这里，我们推荐使

用 pip 方式进行安装(见图 5-4),命令如下:

pip install beautifulsoup 4

安装成功后,界面如图 5-4 所示。

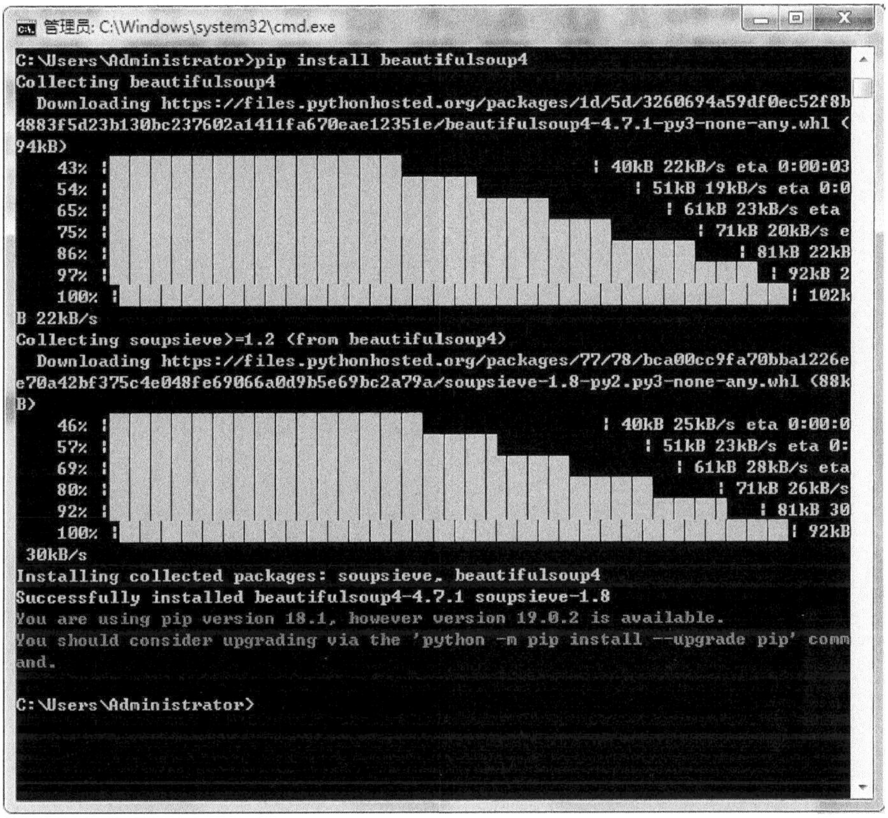

图 5-4　beautifulsoup4 库安装成功界面

5.6　多线程数据采集

在利用 Python 进行数据采集时,默认的采集方式是单线程的,即数据采集活动是串行进行的。但是在进行海量数据采集时,单线程的采集会造成大规模的时间成本。为此,多线程数据采集在海量数据采集中显得尤为重要。Python 提供了实现多线程数据采集的模块 threading。

本章习题

1. HTTP 和 HTTPS 的区别。

2. 分析请求数据方法 GET 和 POST 的区别。

3. 使用正则表达式从字符串“abc35fde6g890”中按顺序提取出数字,并且数字不能分开。

4. 常用的解析 xml 文件的库有哪几种?

6 页面采集框架的使用

学习目标

1. 掌握页面采集 Scrapy 框架与 Spider 类；
2. 掌握 Selenium 框架与 Webdriver 库；
3. 掌握 Splash 框架与 API。

本章主要介绍页面采集框架，包括常用的 Scrapy 框架、Selenium 框架和 Splash 框架。其中，Scrapy 框架主要用于静态页面的数据采集，而 Selenium 和 Splash 框架则多用于动态渲染页面的数据采集。

6.1 Scrapy 框架与 Spider 类

在第 5 章中，我们已经学习了使用 requests 库请求网页数据的方法。requests 库功能强大，其工作原理是向服务器发送数据请求，至于数据的下载和解析，需要额外处理，灵活性高，但复杂性也较高。本章，我们介绍一种效率更高，具有更好封装性的应用框架 Scrapy，包括了异步调度和处理（request）、下载器（多线程的 Downloader）、解析器（selector）和异步处理（twisted）等。

Scrapy 的安装可以直接使用 pip 方式，执行语句如下：

```
pip install scrapy↙
```

但有时会因为库的依赖关系产生一些错误的安装提示信息，导致 Scrapy 无法正常安装。但只要将其依赖的库安装即可解决问题，可以参考网站 http://www.lfd.uci.edu/~gohlke/pythonlibs，找到依赖的库进行安装，即可解决相应的问题，Scrapy 安装成功界面图如图 6-1 所示。

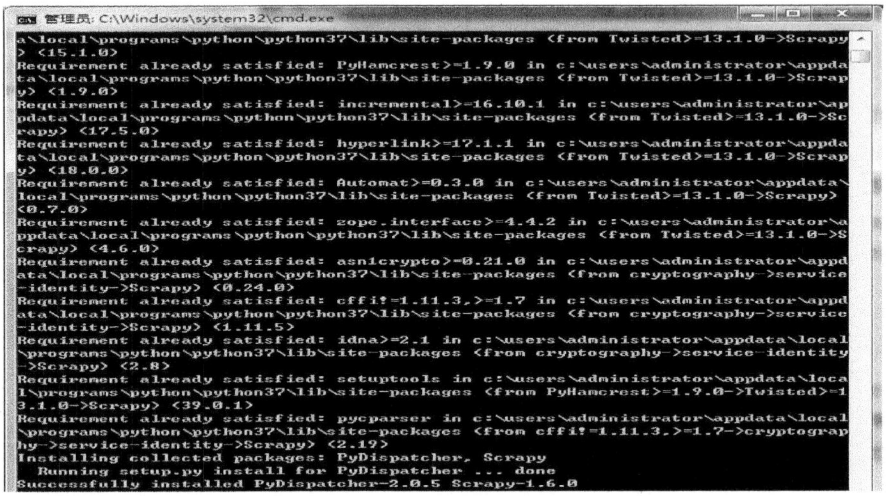

图 6-1　Scrapy 安装成功界面

Spider 是 Scrapy 提供的核心类,即 Scrapy. spiders. Spider,用于定义如何从某个网站进行内容采集的流程和解析方式。所有编写数据采集的类都必须继承这个类。简单说,Spider 具有定义数据采集动作和解析采集网页内容的功能,大概流程如下:

Spider 类提供了用于生成初始请求的默认方法 start_requests(self),用户输入指定 UrL 构造初始化的 request,默认的请求方式是 GET 方式。同时,设置回调函数,当 request 成功请求并返回时,分析返回的网页内容。其中,①若返回的是字典或 Item 对象,说明解析到有效结果,则可通过 Feed Exports 等组件将返回结果存入文件,或通过 Pipeline 处理并保存;②若返回的是 request,说明解析得到下一个链接,则生成 response 并作为参数传递给回调函数 callback 进行迭代,直至获取到有效结果。

注意:当 response 没有指定回调函数时,Spider 类提供了默认的解析方法 parse()处理 response 并返回结果。

实例:以凤凰网数据采集请求为例,在 Scrapy 安装后自动初始化生成的 spiders 文件夹中定义继承于 Spider 的子类 myFirstSpider 进行数据采集。

```
import scrapy
class MyFirstSpider(scrapy.Spider):
```

```
    name="myFirstSpider"
    def start_requests(self):
        url='http://www.ifeng.com'
        yield scrapy.Request(url=url,callback=self.parse)
    def parse(self,response):
        print(response.url)
        data=response.body.decode()
        print(data)
```

值得注意的是，这里的入口函数为 start_requests( )，指定了将要进行数据采集的网址 url，并且将回调 parse( ) 函数。然后通过执行 parse( ) 函数，得到请求 url 所返回的响应 response，并对响应 response 进行网页解析，采集到我们所关心的数据。

然后通过命令行窗口，切换到 spiders 文件所在路径，键入如下命令执行 MyFirstSpider 类。

Scrapy crawl MyFirstSpider

图 6-2 为执行页面。

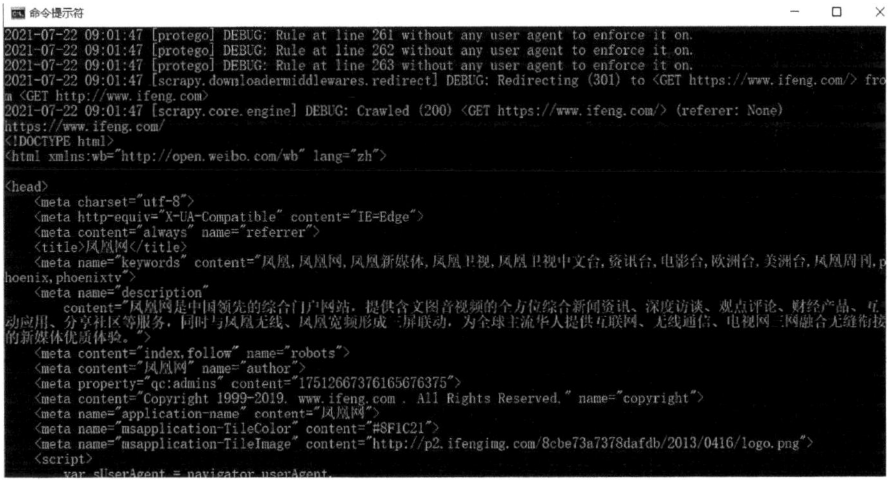

图 6-2　执行 MyFirstSpider 类

程序执行成功后，界面如图 6-3 所示，返回凤凰网页面 Html 的全部信息。

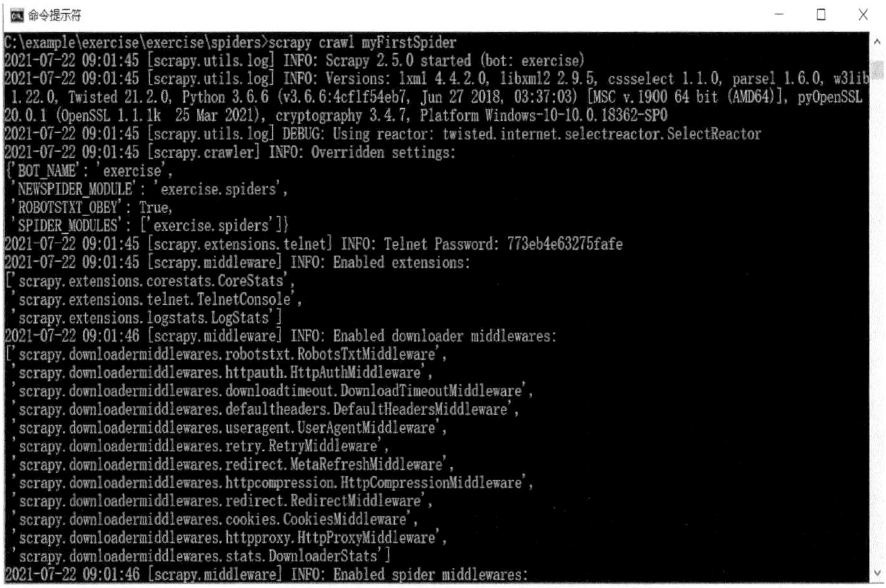

图 6-3　返回凤凰网页面 html 的全部信息

6.2　Scrapy 与 CrawlSpider 类

Scrapy 框架包括了两个数据采集类 Spider 和 CrawSpider，其中，CrawSpider 是 Spider 的派生类，主要通过定义一些规则（rules），对有规律的网站进行数据采集。因此，CrawSpider 类继承了 Spider 类的一些属性，如 name、allow_domains，此外，CrawSpider 类还提供了新的属性和方法，如用于提取链接的方法 Link Extractors（）。

6.3　Selenium 框架与 Webdriver 库

前面我们学习过的 requests、urllib 和 Scrapy 库，大多时候适用于静态页面 html 的数据采集。然而，现实生活中，大多数网站的网页都是利用 JavaScript 动态渲染的，比如，当单击某网页“下一页”按钮时，网页的 URL 并不变化，但网页会加载新的内容。

如果动态渲染的页面是 Ajax 类型的，则可以通过分析 Ajax 采集数据，此时仍可以借助 requests、urllib 和 Scrapy 等实现数据采集。但很多网站采用了非 Ajax 的动态渲染方式，难以直接找出规律进行采集。在这种情况下，需要使用 Python 提供的 Selenium、Splash 等库，模拟浏览器的运行方式，做到浏览器中的内容是什么样，采集到的网页源码就是什么样，即所见即所采。

Selenium 是一个用于 Web 应用程序的自动化测试工具，能够模拟浏览器执行 JavaScript 程序，执行登录、点击、下拉和下一页等特定动作，按照访问步骤模拟人的操作，从而获取浏览器当前所呈现页面内容的源码，实现数据的动态采集。

Selenium 的安装可以通过 PyCharm 平台，也可以使用 pip 方式，键入如下命令：

pip install selenium↙

安装成功界面如图 6-4 所示。

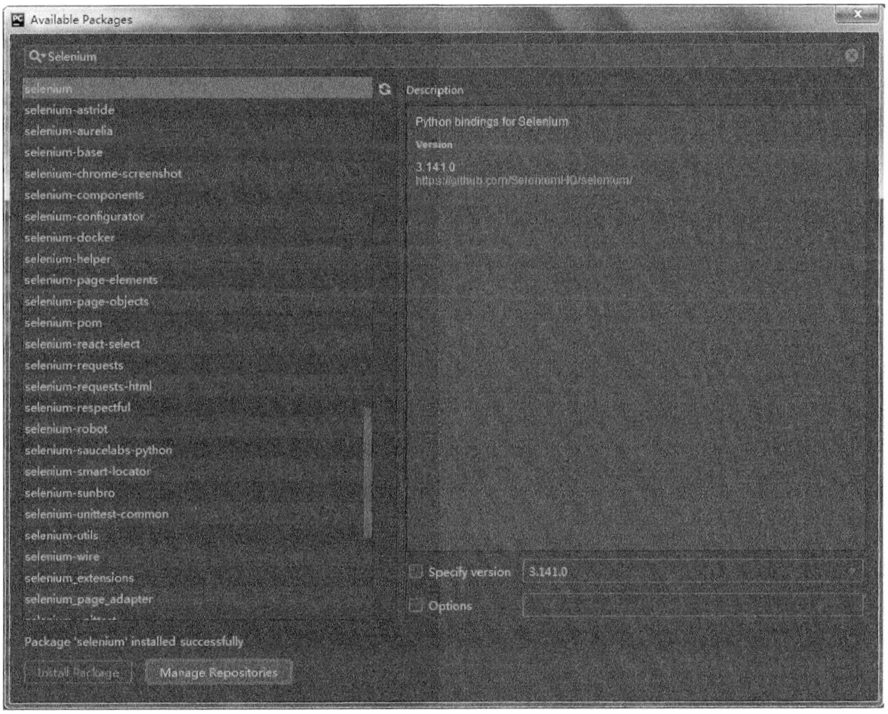

图 6-4　Selenium 安装成功界面

实例 1:以调用 Chrome 浏览器为例,需要下载 chromedriver. exe 文件(可以通过网址下载与 Chrome 浏览器版本对应的驱动 http://chromedriver. storage. googleapis. com/index. html),并把该驱动程序复制到 Python 的 scripts 目录下。然后,利用 Webdriver 构建 Chrome 浏览器对象,如下所示:

```
from selenium import webdriver
driver = webdriver.Chrome()
```

命令运行后,在桌面弹出一个 Chrome 窗口,如图 6-5 所示。

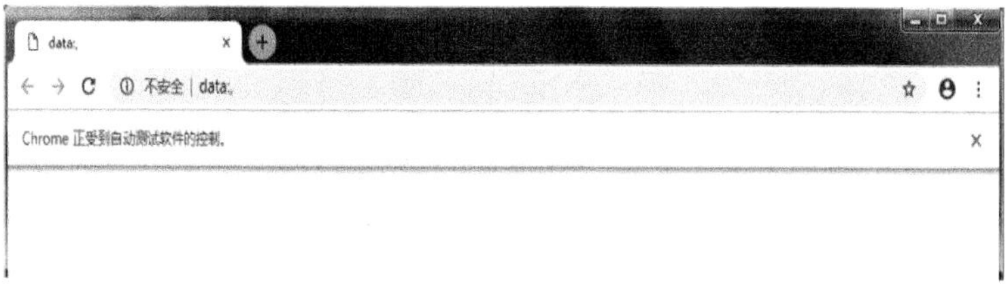

图 6-5 Selenium 测试弹出的 Chrome 窗口

实例 2:在此基础上,可以进一步通过 Webdriver 的 get 方法,打开浏览器网页。

```
from selenium import webdriver
driver = webdriver.Chrome()
driver.get("https://weibo.com/? display=0&retcode=6102")
```

打开的界面如图 6-6 所示。

实例 3:利用 flask 建立一个虚拟服务器端,并利用 Selenium 框架采集动态页面数据。

第一,利用 flask 建立一个虚拟服务器端,加载 JavaScript 内容。

```
import flask
app=flask.Flask(__name__)

@ app.route("/")
def index():
    return flask.render_template("testPage.html")
```

图 6-6　利用 Selenium 的 get 方法打开微博页面

```
@ app.route("/show")
def show():
    return "server test"
app.run()
```

第二,自定义动态页面 testPage. html。

```
<script>
function init()
{http=new XMLHttpRequest();
http.open("get","/show",false);
http.send(null);
test1=http.responseText;
document.getElementById("test1").innerHTML=test1;
document.getElementById("test2").innerHTML="JavaScript test";
}
</script>
<body onload="init()">
```

```
Testing<br>
<span id="test0">test0</span><br>
<span id="test1"></span><br>
<span id="test2"></span>
</body>
```

第三,利用 Selenium 框架对 testPage 页面进行数据采集。

```
from selenium import webdriver
from selenium.webdriver.chrome.options import Options
from bs4 import BeautifulSoup
chrome_options=Options()
driver=webdriver.Chrome(chrome_options=chrome_options)
driver.get("http://127.0.0.1:5000/")
html=driver.page_source
soup=BeautifulSoup(html,"lxml")
a=soup.find("span",attrs={"id":test1}).text
print(a)
b=soup.find("span",attrs={"id":test1}).text
print(b)
```

运行结果如下所示,由此可见 JavaScript 中的内容被采集成功。

server test

JavaScript test

6.4 Splash 框架与 API

Splash 框架是一个 JavaScript 渲染服务,带有 HTTP API 的轻量级 Web 浏览器,并且对接了 Python3 中的 Twisted 库和 QT5 库。Splash 具有以下功能:①并行处理多个网页;②获取 HTML 源代码或截取屏幕截图;③关闭图像或使用 Adblock Plus 规则使渲染更快;④在页面上下文中执行自定义 JavaScript;⑤可通过 Lua 脚本控制页面的渲染过程;⑥在 Splash-Jupyter 笔记本中开发 Splash Lua 脚本;⑦以 HAR 格式获取详细的渲染信息。

Splash 框架数据采集的流程原理如图 6-7 所示。

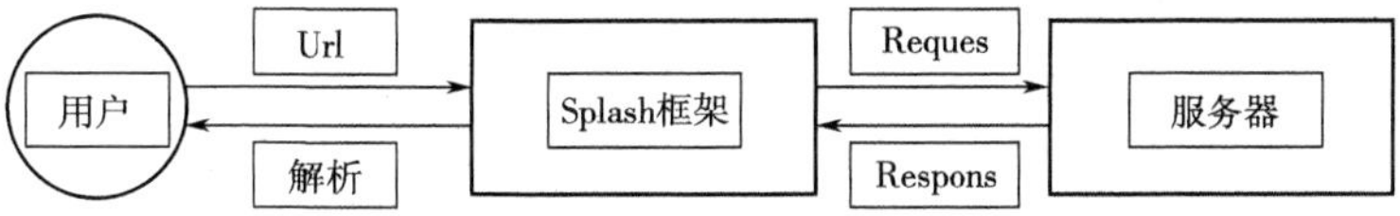

图 6-7　用户使用 Splash 框架采集数据的基本流程

Splash 的安装较为复杂,不能简单地通过 pip 命令进行安装,首先需要安装 Splash 的运行环境。Splash 的安装基本上包括三个步骤:①安装 docker 镜像;②利用 docker 镜像安装 Splash;③利用 pip 命令安装 scrpay-splash 框架,以便在 Python 中调用 Splash。

本章习题

1. 利用 Scrapy 框架采集财新网首页的页面数据。
2. 利用 Selenium 框架采集天猫网页中关于华为手机的价格数据。
3. 利用 Splash 框架采集京东首页的页面数据。
4. 阐明 Scrapy、Selenium 和 Splash 框架在采集数据过程中的异同。

7 数据的存储与使用

学习目标

1. 了解数据采集常用的存取格式;

2. 明确关系型数据库和非关系型数据库的区别;

3. 掌握 PyMySQL 库、PyMongoDB 库与 Redis-py 库的基本功能与使用操作。

前面章节重点介绍了如何使用 Python 工具采集数据,在此基础上,可以进一步采用在线处理和离线处理两种方式对获取的数据进行分析。其中,在线处理,对数据的下载获取和访问依赖于网络的速度,因此实时在线处理速度较慢,适合处理小规模数据。离线处理是指将数据存储到数据库,后续再通过访问数据库获取数据和分析数据,访问速度快,适合处理大规模数据。

7.1 数据存取基本文件介绍

当采集到数据后,需要将数据保存为指定存储格式。常用的存储格式包括文本文件,如 TXT、CSV 和 JSON 等,也可以直接保存到数据库中,如 MySQL、Redis 和 MongoDB 等。在数据的存储过程中,常用到的函数总结如表 7-1 所示。

表 7-1 数据存储过程中常用函数

函数名称	函数功能描述
reader	将数据从 CSV 格式文件中读取出来
writer	将数据写入指定的 CSV 格式文件

续表

函数名称	函数功能描述
dump	用于将 JSON 对象转换成字符串
write	将数据写入 JSON 文件
loads	加载 JSON 文件
read_csv	读取以‘,’分割的文件到 DataFrame
read_excel	读取后缀名为 xls 或 xlsx 格式的 excel 文件
read_table	读取以‘/t’分割的文件到 DataFrame
to_csv	将 DataFrame 数据保存为 csv 格式文件
to_excel	将 DataFrame 数据保存为 xls 或 xlsx 格式文件

7.1.1 CSV 文件存取

CSV(Comma-Separated Values)文件,又称为逗号分隔值或字符分隔值,是一种以纯文本形式存储表格数据的文件。CSV 文件中的记录是由字段组成的,字段间的分隔符是其他字符或字符串,最常见的就是逗号或制表符。CSV 文件的读取,可以使用 Python 提供的 CSV 库,也可以采用 Pandas 库。下面分别利用这两种库读取文件和存储文件。

CSV 库提供了 reader()方法对数据进行读取,reader()方法可以将数据从 CSV 格式的文件中读取出来。

csv. reader(csvfile,dialect='excel', * * fmtparams)方法返回一个 reader 对象,利用该对象遍历参数 csvfile 所指定的文件中的行,并从 csv 文件中读取的每一行都作为字符串列表返回。其中:

csvfile 可以是具体文件或者列表对象。

dialect 参数指定编码风格,默认为 excel 格式,即逗号(,)分隔,dialect 也支持自定义编码风格。

fmtparam 是格式化参数,用来覆盖之前 dialect 对象指定的编码风格。

实例 1:例如,所用数据为股票数据“stock. csv”,文件存储位置为本机 D 盘,通过 csv. reader()方法对其进行读取,操作程序如下所示:

```
import csv
```

```
With open('D:/stock.csv','r',encoding='utf-8') as csvfile:
    reader=csv.reader(csvfile)
for row in reader:
    print(row)
```

运行结果如下所示：

['\ufeff代码', '名称', '涨跌幅', '成交量(手)', '成交额(万)']

['沪市 A 股', '宏图高科', '0.10141', '484227', '18074']

['深市 A 股', '华映科技', '0.10169', '2356383', '56192']

['深市 B 股', '建车 B', '0.03681', '960', '64']

['深市 B 股', '大东海 B', '0.04051', '3457', '143']

['沪市 A 股', '福莱特', '0.10095', '1054', '37']

['深市 A 股', '德豪润达', '0.10204', '78297', '2114']

['沪市 B 股', '海创 B 股', '0.03226', '6015', '19']

['深市 A 股', '陕国投 A', '0.10154', '2687276', '94890']

['沪市 B 股', 'ST 毅达 B', '0.07692', '15119', '21']

CSV 库提供了 writer( ) 方法对数据进行写入操作。具体说，csv. writer (csvfile, dialect='excel', **fmtparams)方法可以将数据写入指定文件，其参数与 csv. reader( )方法中的参数含义相同，此处不再赘述。

实例 2：利用 CSV 库提供的 writer( )方法，将新增加的一行股票数据写入原文件，对原数据进行覆盖。

```
with open('D:/stock.csv','w') as csvfile:
    writer=csv.writer(csvfile)
    writer.writerow(['沪市A股', '宏图高科', '0.10141', '484227', '18074'])
```

运行结果如下：

沪市 A 股，宏图高科，0.10141，484227，18074

除了利用 CSV 库对文件进行存取外，Python 还提供了 Pandas 库用于文件的读取和写入。

pandas. read_csv( )方法用于读取文件，其方法参数较多，常用参数如下。

path：文件路径或文件对象。

sep:字段分隔符,默认为逗号。

header:列名行的索引,默认为 0。

index_col:用作行索引的列名。

usecols:需要读取的列名列表或索引。

dtype:列的数据类型。

实例 3:采用 Pandas 库的 read_csv( )方法,也可以将数据从 CSV 格式的文件中读取出来。

```
import pandas as pd
df=pd.read_csv("D:/stock.csv")
print(df)
```

运行结果如下:

	代码	名称	涨跌幅	成交量(手)	成交额(万)
0	沪市 A 股	宏图高科	0.10141	484227	18074
1	深市 A 股	华映科技	0.10169	2356383	56192
2	深市 B 股	建车 B	0.03681	960	64
3	深市 B 股	大东海 B	0.04051	3457	143
4	沪市 A 股	福莱特	0.10095	1054	37
5	深市 A 股	德豪润达	0.10204	78297	2114
6	沪市 B 股	海创 B 股	0.03226	6015	19
7	深市 A 股	陕国投 A	0.10154	2687276	94890
8	沪市 B 股	ST 毅达 B	0.07692	15119	21

pandas.to_csv( )方法用于保存文件,其方法参数也较多,常用参数如下。

'path_or_buf':保存文件的路径或文件对象。如果不指定该参数,则返回一个表示 CSV 格式的字符串。

'sep':字段之间的分隔符,默认为逗号。

'na_rep':缺失值的表示,默认为空字符串。

'columns':要写入文件的列,默认为所有列。

'header':是否将列名写入文件,默认为 True。

'index':是否将索引写入文件,默认为 True。

'mode':打开文件的模式,{'w', 'x', 'a'},默认为‘'w'’(覆盖写入)。

'w':以写模式打开文件。如果文件已经存在,则会覆盖原有内容;如果文件不存在,则会创建一个新文件。

'a':以追加模式打开文件。如果文件已经存在,则会在文件末尾追加内容;如果文件不存在,则会创建一个新文件。

'x':以创建模式打开文件。如果文件已经存在,则会抛出一个'FileExistsError'异常;如果文件不存在,则会创建一个新文件。

'encoding':文件编码,默认为 None,表示使用系统默认编码。

'quoting':引号的控制方式,默认为引用所有非数字字段,也可以设置为'csv. QUOTE_NONE'(不引用任何字段)或 'csv. QUOTE_NONNUMERIC'(只引用非数字字段)。

'line_terminator':行终止符,默认为 "\n"。

'date_format':日期格式化字符串,用于将日期时间类型转换为字符串。

实例 4:采用 Pandas 库的 to_csv()方法,也可以将数据存储为 csv 格式,如将 D 盘的 stock 文件读取并备份文件到 stock_bake. csv 文件中。

```
import pandas as pd
df=pd.read_csv("D:/stock.csv")
df.to_csv("D:/stock_bake.csv")
df1=pd.read_csv("D:/stock_bake.csv")
print(df1)
```

运行结果如下:

	代码	名称	涨跌幅	成交量(手)	成交额(万)
0	沪市 A 股	宏图高科	0. 10141	484227	18074
1	深市 A 股	华映科技	0. 10169	2356383	56192
2	深市 B 股	建车 B	0. 03681	960	64
3	深市 B 股	大东海 B	0. 04051	3457	143

4	沪市 A 股	福莱特	0. 10095	1054	37
5	深市 A 股	德豪润达	0. 10204	78297	2114
6	沪市 B 股	海创 B 股	0. 03226	6015	19
7	深市 A 股	陕国投 A	0. 10154	2687276	94890
8	沪市 B 股	ST 毅达 B	0. 07692	15119	21

7. 1. 2　XLSX 文件存取

XLSX 文件,是微软公司 office 工具组件中 Excel 文档的扩展名,是一种基于 XML 压缩文件的数据格式。与 CSV 格式文件类似,XLSX 文件也可以使用 XLSX 文件的存取库 xlsxwriter 和 openpyxl,或者 Pandas 库来读入或存储文件。其中,xlsxwriter 和 openpyxl 两个库可以通过 pip 命令进行安装:

pip install xlsxwriter↙

pip install opernpyxl↙

实例:Python 提供了 XLSX 文件的存取库 xlsxwriter 和 openpyxl,分别用于 XLSX 文件的写入和读取。例如,使用 xlsxwriter 的 write 方法写入数据。

```
import os
import xlsxwriter
data=xlsxwriter.Workbook('stock.xlsx')
worksheet=data.add_worksheet('表 1')
worksheet.write('A1','沪市 A 股,宏图高科,0.10141,48422700,18074')
data.close()
```

生成了一个 stock. xlsx 文件,并在 sheet1 中的 A1 处写入数据,运行结果如图 7-1 所示。

7. 1. 3　txt 文件存取

txt 文件,是目前大多数操作系统都默认附带的一种最为常见的文本格式,用于存储文字信息。当使用爬虫方法对浏览器网页上的数据采集进行存储时,人们大多先将其保存为 txt 文件,然后再进行数据预处理等操作。

Pandas 库提供了 txt 文件的读取方法 read_table( ),read_table( )方法中的

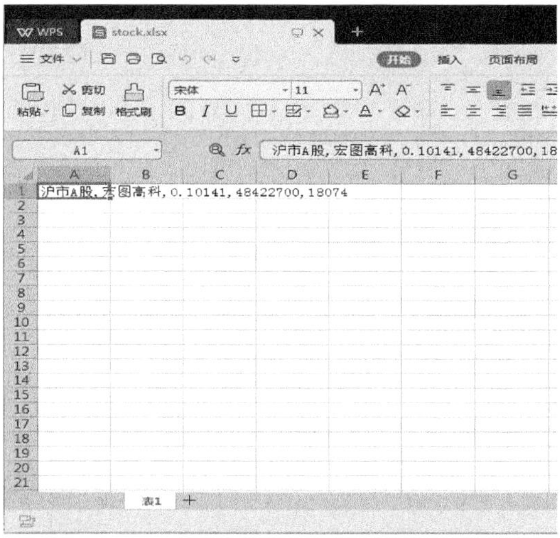

图 7-1　将采集数据写入 XLSX 格式文件

参数与前文所介绍的 read_csv( )方法中参数相同。

实例:采用 Pandas 库中的 read_table( )方法,可以读取 txt 文件格式的数据,如读取 stock. txt 文件,并按照四个空格进行分隔。

```
import pandas as pd
stock=pd.read_table('stock.txt',sep='\t')
stock.head(n=3)
```

原始 txt 文件如下:

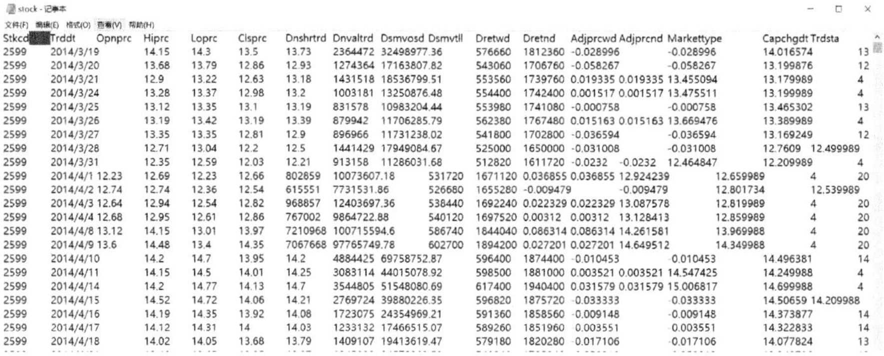

```
stock - 记事本
文件(F) 编辑(E) 格式(O) 查看(V) 帮助(H)
Stkcd	Trddt	Opnprc	Hiprc	Loprc	Clsprc	Dnshrtrd	Dnvaltrd	Dsmvosd	Dsmvtll	Dretwd	Dretnd	Adjprcwd	Adjprcnd	Markettype	Capchgdt	Trdsta
2599	2014/3/19	14.15	14.3	13.5	13.73	2364472	32498977.36	576660	1812360	-0.028996	-0.028996	14.016574	13
2599	2014/3/20	13.68	13.79	12.86	12.93	1274364	17163807.82	543060	1706760	-0.058267	-0.058267	13.199876	12
2599	2014/3/21	12.9	13.22	12.63	13.18	1431518	18536799.51	553560	1739760	0.019335	0.019335	13.455094	13.179989	4
2599	2014/3/24	13.28	13.37	12.98	13.2	1003181	13250876.48	554400	1742400	0.001517	0.001517	13.475511	13.199989	4
2599	2014/3/25	13.12	13.35	13.1	13.19	831578	10983204.44	553980	1741080	-0.000758	-0.000758	13.465302	13
2599	2014/3/26	13.19	13.42	13.19	13.39	879942	11706285.79	562380	1767480	0.015163	0.015163	13.669476	13.389989	4
2599	2014/3/27	13.35	13.35	12.81	12.9	896966	11731238.02	541800	1702800	-0.036594	-0.036594	13.169249	12
2599	2014/3/28	12.71	13.04	12.2	12.5	1441429	17949084.67	525000	1650000	-0.031008	-0.031008	12.7609	12.499989
2599	2014/3/31	12.35	12.59	12.03	12.21	913158	11286031.68	512820	1611720	-0.0232	-0.0232	12.464847	12.209989	4
2599	2014/4/1	12.23	12.69	12.23	12.66	802859	10073607.18	531720	1671120	0.036855	0.036855	12.924239	12.659989	4	20
2599	2014/4/2	12.74	12.74	12.36	12.54	615551	7731531.86	526680	1655280	-0.009479	-0.009479	12.801734	12.539989
2599	2014/4/3	12.64	12.94	12.54	12.82	968857	12403697.36	538440	1692240	0.022329	0.022329	13.087578	12.819989	4	20
2599	2014/4/4	12.68	12.95	12.61	12.86	767002	9864722.88	540120	1697520	0.00312	0.00312	13.128413	12.859989	4	20
2599	2014/4/8	13.12	14.15	13.01	13.97	7210968	100715594.6	586740	1844040	0.086314	0.086314	14.261581	13.969988	4	20
2599	2014/4/9	13.6	14.48	13.4	14.35	7067668	97765749.78	602700	1894200	0.027201	0.027201	14.649512	14.349988	4	20
2599	2014/4/10	14.2	14.7	13.95	14.2	4884425	69758752.87	596400	1874400	-0.010453	-0.010453	14.496381	14
2599	2014/4/11	14.15	14.5	14.01	14.25	3083114	44015078.92	598500	1881000	0.003521	0.003521	14.547425	14.249988	4
2599	2014/4/14	14.2	14.77	14.13	14.7	3544805	51548080.69	617400	1940400	0.031579	0.031579	15.006817	14.699988	4
2599	2014/4/15	14.52	14.72	14.06	14.21	2769724	39880226.35	596820	1875720	-0.033333	-0.033333	14.50659	14.209988
2599	2014/4/16	14.19	14.35	13.92	14.08	1723075	24354969.21	591360	1858560	-0.009148	-0.009148	14.373877	14
2599	2014/4/17	14.12	14.31	14	14.03	1233132	17466515.07	589260	1851960	-0.003551	-0.003551	14.322833	14
2599	2014/4/18	14.02	14.05	13.68	13.79	1409107	19413619.47	579180	1820280	-0.017106	-0.017106	14.077824	13
```

运行结果如下,即读取前三行数据。

	Stkcd	Trddt	Opnprc	Hiprc	Loprc	Clsprc	Dnshrtrd	Dnvaltrd	Dsmvosd	Dsmvtll	Dretwd	Dretnd	Adjprcwd	Adjprcnd	Markettype	Capc
0	2599	2014/3/19	14.15	14.30	13.50	13.73	2364472	32498977.36	576660.0	1812360.0	-0.028996	-0.028996	14.016574	13.729988	4	2012.
1	2599	2014/3/20	13.68	13.79	12.86	12.93	1274364	17163807.82	543060.0	1706760.0	-0.058267	-0.058267	13.199876	12.929989	4	2012.
2	2599	2014/3/21	12.90	13.22	12.63	13.18	1431518	18536799.51	553560.0	1739760.0	0.019335	0.019335	13.455094	13.179989	4	2012.

7.1.4 JSON 文件存取

JSON(Java Script Object Notation)文件,是一种轻量级的数据交换格式,主要通过对象和数组的组合表示数据,具有构造简洁且结构化程度高的特点。JSON 文件,具有明显的层级关系结构,并且支持 int、str、list 和 dict 等类型数据的存储,因此在数据处理过程中,是一种非常受欢迎的文件格式。

Python 为 JSON 文件提供了读取方法,json. loads(s[,encoding[,cls[,object_hook[,parse_float[,parse_int[,parse_constant[,object_pairs_hook[,* * kw]]]]]]]])。JSON. loads()方法能够将每一行的 JSON 文件读取为字典形式。

s:JSON 字符串,可以是 str 类型,也可以是 unicode 编码类型。

encoding:指定字符串的编码格式。如果 JSON 字符串 s 不是 ASCII 编码的字符串,则需要利用此参数将其转换为 unicode 格式。

cls 参数用于自定义一个 JSONCoder 的子类,用于替换 JSONCoder 类,具体实现 JSON. loads()方法。

object_hook 会将(loads 的)返回结果字典替换为指定的类型。

parse_float:如果指定该参数,则在解码 JSON 字符串的时候,符合 float 类型的字符串将转为所指定的形式。

parse_int,如果指定该参数,则在解码 JSON 字符串的时候,符合 int 类型的字符串将转为所指定的形式。

parse_constant,在解码 JSON 字符串时,如果出现以下字符串:-Infinity、Infinity、NaN,则调用指定的 parse_constant 方法。

object_pairs_hook 会将结果以 key-value 有序列表的形式返回。

实例 1:如果从 JSON 文件中读取内容,则可以利用 Python 提供的 loads()方法加载文件。需要注意的是,JSON. loads()读取的是 JSON 字符串,因此需要先用 read( )方法读取文件“data. json”的每一行,然后利用 loads( )方法加载为字典形式。

```
import json
with open('data.json','r',encoding='utf-8') as file:
str=file.read()
data=json.loads(str)
print(data)
```

运行结果如下所示:

[{'代码': '沪市 A 股', '名称': '宏图高科', '涨跌幅': 0.10141}]

Python 提供了 dumps( )方法将 Python 中的 JSON 对象转换为字符串类型,然后再调用文件的 write( )方法写入文件。

json. dumps(obj, skipkeys = False, ensure_ascii = True, check_circular = True, allow_nan = True, cls = None, indent = None, separators = None, encoding = " utf-8 ", default = None, sort_keys = False, * * kw)。各个参数含义如下:

obj:需要转换的 JSON 对象。

skipkeys:如果 dict 的 keys 内的数据不是 Python 基本数据类型,设置为 False 时,就会出现 TypeError 错误。此时设置成 True,则会跳过这类 key。

ensure_ascii:默认是 True,输出的编码格式是 ASCLL 码。如果该参数设置 False,则可以输出中文形式。

check_circular:如果该参数设置为 False,则跳过对容器类型的循环引用检查。

allow_nan:如果该参数设置为 False,则 ValueError 将序列化超出范围的浮点值(nan、inf、-inf),严格遵守 JSON 规范,而不是使用 JavaScript 等价值(nan、Infinity、-Infinity)。

cls:参数用于自定义一个 JSONCoder 的子类,用于替换 JSONCoder 类具体实现 JSON. dumps( )方法。

indent:指定数据格式按缩进显示。

separators:指定分隔符,为不同 dict 项之间的分隔符和 dict 项内 key 和 value 之间的分隔符。

encoding:指定字符串的编码格式。如果 JSON 字符串 s 不是 ASCII 编码的字符串，则需要利用此参数将其转换为 unicode 格式。

default：该参数可以返回一个可序列化的 obj 版本或引发类型错误。

sort_keys：该参数指定输出按照字典排序方式进行。

实例 2：Python 提供了 dumps( )方法用于将 JSON 对象转换成字符串，然后再调用文件的 write( )方法写入文件。

```
import json
data=[{
    '代码':'沪市 A 股',
    '名称':'宏图高科',
    '涨跌幅':0.10141
}]
with open('data.json','w',encoding='utf-8') as file:
    file.write(json.dumps(data,indent=2,ensure_ascii=False))
```

运行结果如下所示：

```
[
  {
    "代码": "沪市 A 股",
    "名称": "宏图高科",
    "涨跌幅": 0.10141
  }
]
```

7.1.5 平台接口数据读取

有时候，我们读取的数据可以来源于某些专业领域平台提供的数据接口。如在量化投资领域，一些股票的交易数据信息可以通过读取 yahoo finance 接口或者 Tushare 平台接口获取。下面，我们以此为例，介绍如何利用 Python 访问这些平台的接口进而读取数据信息。

实例 1：利用 Pandas 提供的 DataReader( )方法获取 Yahoo 数据源的股票交易数据。

```
import numpy as np
from pandas_datareader import data as wb
```

```
PG = wb.DataReader('PG', data_source='yahoo', start='2015-1-1')
PG.head()
```

运行结果如下：

Date	High	Low	Open	Close	Volume	Adj Close	simple_return
2014-12-31	92.550003	91.029999	92.040001	91.089996	5712100.0	74.989510	NaN
2015-01-02	91.000000	89.919998	90.839996	90.440002	7251400.0	74.454414	-0.007136
2015-01-05	91.000000	89.849998	90.230003	90.010002	8626100.0	74.100410	-0.004755
2015-01-06	90.559998	89.260002	90.309998	89.599998	7791200.0	73.762878	-0.004555
2015-01-07	90.370003	89.559998	89.940002	90.070000	5986600.0	74.149811	0.005246

实例 2：利用 Tushare 平台提供的 get_hist_data( ) 方法获取某个时间段内指定的股票交易数据。

```
import tushare as ts
ts.get_hist_data('600848',start='2021-01-05',end='2021-07-10')
```

运行结果如下：

date	open	high	close	low	volume	price_change	p_change	ma5	ma10	ma20	v_ma5	v_ma10	v_ma20	turnover
2021-07-09	18.52	18.95	18.76	18.42	93373.44	0.17	0.91	18.676	18.437	19.413	109927.52	110459.17	98175.35	0.64
2021-07-08	18.56	18.75	18.59	18.23	85652.18	0.04	0.22	18.596	18.389	19.605	112976.95	110653.52	103839.03	0.59
2021-07-07	18.50	18.78	18.55	18.33	83683.57	-0.12	-0.64	18.632	18.326	19.790	138173.80	109709.01	112203.24	0.57
2021-07-06	18.91	19.00	18.67	18.40	109159.94	-0.14	-0.74	18.502	18.286	20.014	133356.49	112291.08	128492.05	0.75
2021-07-05	18.10	19.08	18.81	17.30	177768.45	0.45	2.45	18.350	18.261	20.141	129285.26	106743.42	131103.77	1.22
...	...	...	...	...	...	...	...	...	...	...	...	...	...	...
2019-01-15	20.38	21.79	20.88	20.09	58968.45	0.50	2.45	20.566	20.566	20.566	41855.35	41855.35	41855.35	0.75
2019-01-14	20.42	20.58	20.38	20.37	20052.00	-0.09	-0.44	20.488	20.488	20.488	37577.07	37577.07	37577.07	0.25
2019-01-11	20.25	20.55	20.47	20.25	25954.32	0.16	0.79	20.523	20.523	20.523	43418.76	43418.76	43418.76	0.33
2019-01-10	20.79	20.84	20.31	20.28	48067.93	-0.48	-2.31	20.550	20.550	20.550	52150.98	52150.98	52150.98	0.61
2019-01-09	20.98	21.20	20.79	20.75	56234.03	-0.11	-0.53	20.790	20.790	20.790	56234.03	56234.03	56234.03	0.71

606 rows × 14 columns

7.2 关系型数据库和非关系型数据库

关系型数据库，是指基于关系模型所建立的数据库。关系模型，是指通过二维矩阵表建立的一种关系，其中表的每一列为一个字段，每一行为一条记录，这样表就可以看作某个实体的集合。而实体与实体之间的关系，是通过表与表之间的耦合关系形成的，这样就构成了关系型数据库。常用的关系型数据库软件包括 MySQL、Oracle、SQL Server 等。

而非关系型数据库，也称为 NoSQL(Not Only SQL)数据库，泛指基于键值对，而不需要经过 SQL 层解析的一类数据库。数据库中数据间不存在耦合关系。常用的非关系型数据库软件包括，Redis、HBase、MongoDB 等。

相比非关系型数据库，关系型数据库具有容易理解，数据关系明确，易于维护等优点，但同时具有高并发下读写性能不足的缺点。

非关系型数据库以键值对形式存储，每个元组可以有不一样的字段，适用于社交网络服务的数据存储，但不适合持久存储海量数据。

下面，我们介绍一种典型的关系型数据库 PyMySQL 和两种非关系型数据库 PyRedis 和 PyMongoDB。

7.3 PyMySQL 基本功能和使用操作

首先需要安装 PyMySQL 库，推荐使用 pip 方式进行安装，代码为：

```
pip install pymysql↙
```

如图 7-2 所示。

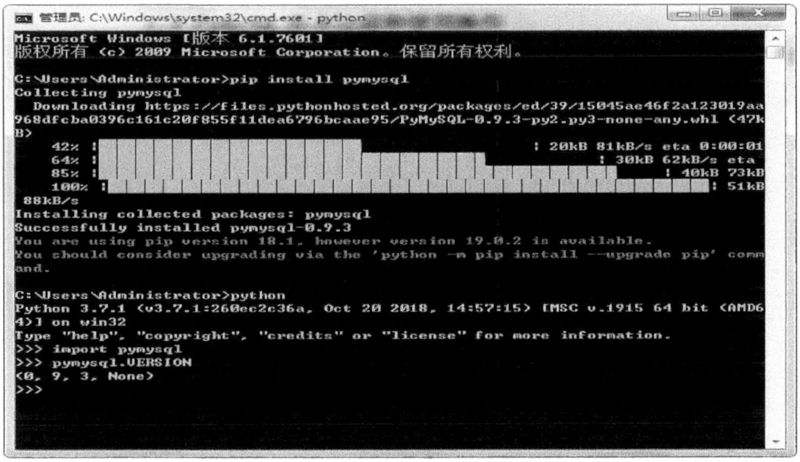

图 7-2　PyMySQL 安装成功界面

7.3.1 连接数据库

在连接 MySQL 之前,确保已经正确安装了 MySQL,安装官网为 https://www.mysql.com/cn。

实例:在 Python 中连接数据库,在安装 MySQL 过程中,配置数据库的用户名为 root,密码为 123abc,访问端口为 3306。

```
import pymysql
db=pymysql.connect(host='localhost',user='root',password='123abc',port=3306)
cursor=db.cursor()
cursor.execute('SELECT VERSION()')
data=cursor.fetchone()
print('Database version:',data)
cursor.execute("CREATE DATABASE spiders DEFAULT CHARACTER SET utf8")
db.close()
```

运行结果如下:

Database version:('8.0.15',),说明作者本机的 MySQL 数据库安装版本为 8.0.15。

7.3.2 数据库的基本操作

在数据采集与处理过程中,需要对数据库中的数据进行基本的增、删、查、改等操作。因此,需要读者具备基本的 SQL 语句基础。在数据采集过程中,我们会根据需求创建具有特定字段的数据表。下面,以量化投资领域为例,介绍数据库的一些基本操作命令。

实例 1:首先,创建包含股票的代码(code)、名称(name)、涨跌幅(extent)、成交量(quantity)和成交额(volume)的数据表 mystock。

```
import pymysql
db=pymysql.connect(host='localhost',user='root',password='123abc',port=3306,
db='spiders')
cursor=db.cursor()
sql='CREATE TABLE IF NOT EXISTS mystock (code VARCHAR(255) NOT NULL, name
VARCHAR(255) NOT NULL, extent FLOAT NOT NULL, quantity INT NOT NULL, volume INT
```

```
NOT NULL, PRIMARY KEY (code))'
cursor.execute(sql)
db.close()
```

实例 2:创建完表后,就可以在表中插入数据,将从财经网站上采集到的股票数据插入数据库中。

```
import pymysql
code='沪市A股'
name='宏图高科'
extent=0.10141
quantity=484227
volume=18074
db=pymysql.connect(host='localhost',user='root',password='123abc',port=3306,
db='spiders')
cursor=db.cursor()
sql='INSERT INTO mystock(code,name,extent,quantity,volume) values(% s,% s,%
s,% s,% s)'
try:
cursor.execute(sql,(code,name,extent,quantity,volume))
    db.commit()
except:
    db.rollback()
db.close()
```

实例 3:此外,可以从构建的数据表中查询数据。

```
import pymysql
db=pymysql.connect(host='localhost',user='root',password='123abc',port=3306,
db='spiders')
cursor=db.cursor()
sql='SELECT *  FROM mystock WHERE extent>0'
cursor.execute(sql)
results=cursor.fetchall()
print('Results:',results)
```

运行结果如下：

Results：(('沪市 A 股', '宏图高科', 0.10141, 484227, 18074),)

实例 4：如果需要在数据库中更新数据，可以通过构造 SQL 语句执行更新操作。例如，将股票的涨跌幅由 0.10141 更新为 1.0141。

```
import pymysql
db=pymysql.connect(host='localhost',user='root',password='123abc',port=3306,
db='spiders')
cursor=db.cursor()
sql1='UPDATE mystock SET extent=% s WHERE name=% s'
cursor.execute(sql1,(1.0141,'宏图高科'))
sql2='SELECT *  FROM mystock WHERE extent>0'
cursor.execute(sql2)
results=cursor.fetchall()
print('Results:',results)
```

运行结果如下所示：

Results：(('沪市 A 股', '宏图高科', 1.0141, 484227, 18074),)

实例 5：如果需要删除数据，可以使用 DELETE 语句，通过指定要删除的目标表名和删除条件执行删除操作，例如，删除涨跌幅>1.0 的股票数据。

```
import pymysql
db=pymysql.connect(host='localhost',user='root',password='123abc',port=3306,
db='spiders')
cursor=db.cursor()
table='mystock'
condition='extent>0'
sql1='DELETE FROM {table} WHERE {condition}'.format(table=table,condition=
condition)
cursor.execute(sql1)
sql2='SELECT *  FROM mystock WHERE extent>0'
cursor.execute(sql2)
results=cursor.fetchall()
print('Results:',results)
```

运行结果如下所示：

Results：( )

7.4 PyMongoDB 基本功能和使用

首先，需要安装 MongoDB 库，推荐使用 pip 方式进行安装，命令如下所示：

pip install pymongo↙

安装成功界面如图 7-3 所示。

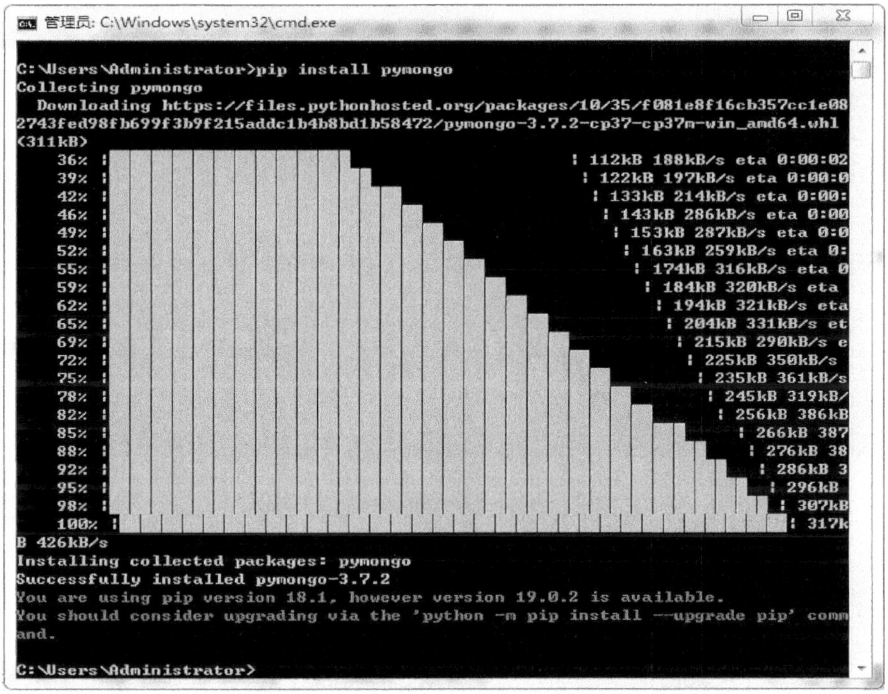

图 7-3 PyMongoDB 安装成功界面

7.4.1 连接数据库

连接前，要确保已经正确安装数据库。Mongodb 数据库可以从其官方网址下载：https://www.mongodb.com/download-center/community。

下载安装包后，按向导操作即可完成安装，安装成功后键入命令 mongo，可以看到如图 7-4 界面。

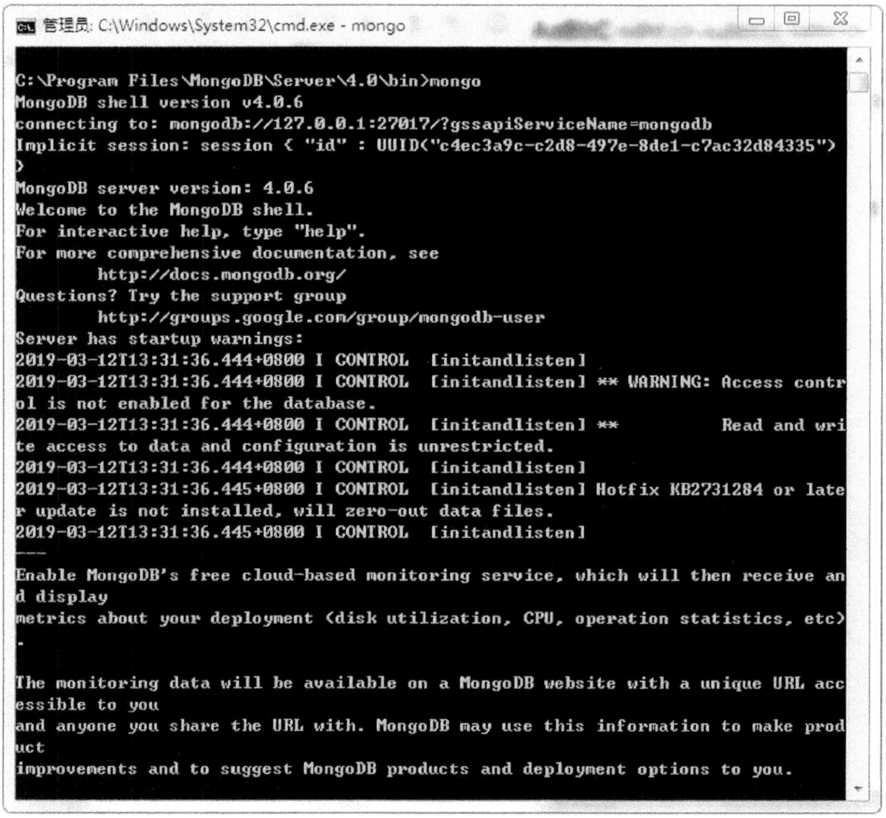

图 7-4 MongoDB 数据库安装成功界面

7.4.2 数据库的基本操作

MongoDB 数据库的一些操作与 SQL 类似,也包含增、删、查、改基本操作。

实例 1:连接 MongoDB 并创建数据库 myStock、MongoDB 数据库访问端口为 27017。

```
import pymongo
client=pymongo.MongoClient(host='localhost',port=27017)
db=client.myStock
```

实例 2：指定集合 collection 并插入股票数据，['沪市 A 股', '宏图高科', '0. 10141', '484227', '18074']，['深市 A 股', '华映科技', '0. 10169', '2356383', '56192']。

```
import pymongo
client=pymongo.MongoClient(host='localhost',port=27017)
db=client.myStock
collection=db.stocks
stock1={
    'code':'沪市 A 股',
    'name':'宏图高科',
    'extent':0.10141,
    'quantity':484227,
    'volume':18074
}
stock2={
    'code':'深市 A 股',
    'name':'华映科技',
    'extent':0.10169,
    'quantity':2356383,
    'volume':56192
}
result=collection.insert([stock1,stock2])
print(result)
```

运行结果如下：

[ObjectId('5c875c5ec5d0b024d4bbea22'),
ObjectId('5c875c5ec5d0b024d4bbea23')]

实例 3：集合 collection 提供了 find_one()方法和 find()方法，用于查询指定数据，例如，要在 MongoDB 数据库中查询 name 为华映科技的股票数据。

```
import pymongo
client=pymongo.MongoClient(host='localhost',port=27017)
db=client.myStock
```

```
collection=db.stocks
result=collection.find_one({'name':'华映科技'})
print(result)
```

运行结果如下：

{'_id': ObjectId('5c875c5ec5d0b024d4bbea23'), 'code': '深市 A 股', 'name': '华映科技', 'extent': 0.10169, 'quantity': 2356383, 'volume': 56192}

实例 4：collection 集合提供了 update()方法，用于对 MongoDB 数据库中的数据进行更新，如将华映科技的股票的涨跌幅由 0.10169 更新到 0.20169。

```
import pymongo
client=pymongo.MongoClient(host='localhost',port=27017)
db=client.myStock
collection=db.stocks
condition={'name':'华映科技'}
stock=collection.find_one(condition)
stock['extent']=0.20169
result=collection.update(condition,stock)
result=collection.find_one({'name':'华映科技'})
print(result)
```

运行结果如下：

{'_id': ObjectId('5c875c5ec5d0b024d4bbea23'), 'code': '深市 A 股', 'name': '华映科技', 'extent': 0.20169, 'quantity': 2356383, 'volume': 56192}

实例 5：collection 提供了删除指定数据的方法 remove()，例如，删除代码为“深市 A 股”的股票。

```
import pymongo
client=pymongo.MongoClient(host='localhost',port=27017)
db=client.myStock
collection=db.stocks
result=collection.remove({'code':'深市 A 股'})
print(result)
```

运行结果如下：

{'n': 1, 'ok': 1.0}

这里返回的结果是一个字典形式，n 表示符合删除条件的数据数目，ok 表示执行操作成功的数目。

7.5 Redis-py 基本功能和使用操作

首先，需要安装 redis-py 库，推荐使用 pip 方式进行安装，命令如下所示：

pip install redis↙

安装成功界面如图 7-5 所示。

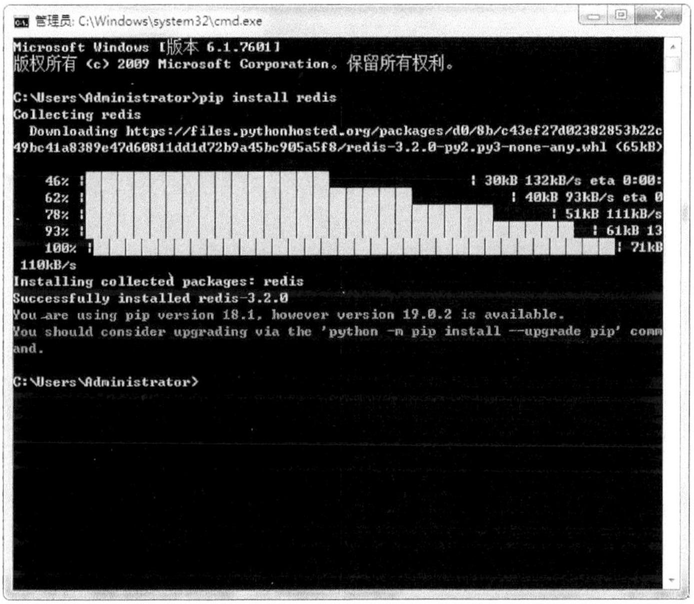

图 7-5 Redis-py 库安装成功界面

7.5.1 连接数据库

连接前，要确保已经正确安装数据库。Redis 数据库可以从 GitHub 网址上下载，下载地址为：https://github.com/MSOpenTech/redis/releases。

下载安装包后按操作向导即可完成安装。

7.5.2 数据库的基本操作

Redis 数据库的一些操作与前面的 SQL 和 MongoDB 数据库类似，同样包含增、删、查、改基本操作。

实例 1：Python 提供了连接数据库的方法 StrictRedis( )，可以用来连接数据库，并创建数据库，这里，我们创建一个 redis 数据库，并设置密码为 crawldata。

```
from redis import StrictRedis
redis=StrictRedis(host='localhost',port=6379,db=0,password='crawldata')
```

实例 2：Redis 提供了 set( )方法用于插入数据，例如，我们在创建的数据库中插入股票数据，['name', '华映科技']，命令如下所示：

```
from redis import StrictRedis
redis=StrictRedis(host='localhost',port=6379,db=0)
redis.set('name','华映科技')
print(redis.get('name').decode('utf-8'))
```

运行结果如下：

华映科技

注意：redis 默认的字符编码格式是 unicode 码，查询结果默认显示为 b'\xe5\x8d\x8e\xe6\x98\xa0\xe7\xa7\x91\xe6\x8a\x80'，需要将其用 decode( )方法转换为 utf-8 格式进行中文显示。

实例 3：Redis 提供了删除键的方法 delete( )，可以删除指定的键名，例如，删除名为“name”的键。

```
from redis import StrictRedis
redis=StrictRedis(host='localhost',port=6379,db=0)
print(redis.delete('name'))
print(redis.get('name'))
```

运行结果如下：

0

None

本章习题

1. 常用的数据存储文件格式有哪几种?

2. 从沪深300中任意挑选10只股票,并将其基本面信息(开盘价、收盘价、最高价、最低价、换手率等)写入CSV文件并保存。

3. 简述关系型数据库和非关系型数据库在数据采集中的应用特点和区别。

8 数据清洗和预处理

学习目标

1. 了解数据编码问题与数据清洗的必要性;
2. 掌握数据预处理的基本原理;
3. 掌握字符串的操作;
4. 掌握时间序列数据的处理。

在互联网分析领域,存在一个非常重要的原则——GIGO 原则(Garbage In, Garbage Out)。这条原则指出,数据分析的效果和数据的质量之间有着紧密联系,一般来说,数据的质量越高,后续数据分析的结果往往越准确,反之则不可能取得好的分析结果。特别是在遇到包含有噪声、不完整、不一致数据集时,需要对数据进行清洗,以提高数据集的质量,最终提高数据分析的性能。因此,数据的清洗工作占数据挖掘工作量的 70%左右,是海量数据采集后重要的工作之一。

8.1 数据编码问题

在现实世界中,来自不同数据源的数据属性往往并不相同,其中可能的原因是表示的差异、表示尺度的不同,也有可能是编码的差异。如,针对重量属性,某个系统可能采用公制,而某个系统中却可能采用英制。再如,针对价格属性,在不同的地点可能采用不同的货币单位,如人民币和美元等。这些编码的差异会造成数据的不一致。因此,在采集得到数据之后,首先要对数据进行一致性编码,而且,要根据数据的属性(如离散数据或连续数据、静态数据或时序数据),以及数据分析任务的要求,确定数据的编码形式。

8.2 数据的清洗

一般来讲,数据清洗包括对缺失数据的检测与处理、异常值的检测与处理和冗余数据的检测与处理。Python 提供了用于数据处理的库 Pandas,可以采用 pip 安装,命令如下:

pip install pandas↙

常用的数据清洗的函数总结如表 8-1 所示。

表 8-1 常用的数据清洗的函数汇总表

函数名	功能描述
isnull	判断是否存在缺失值的检测方法
dropna	删除 NaN 类型的数据
fillna	对缺失数据进行多种类型的填补
interpolate	插值法
boxplot	箱线图
duplicated	冗余数据的检测方法
duplicates	去除冗余数据的方法

8.2.1 缺失数据检测与处理

从网站采集到的数据,可能因为采集器故障或某些属性值不存在,导致采集到的数据是不完整的,存在缺失值的现象。因而,面对采集到的海量数据,数据清洗的第一步就是要检测缺失值。

Python 提供了对数据进行缺失值检测的方法 isnull()。isnull()函数返回值为布尔值,如果数据存在缺失值,返回 True;否则,返回 False。但从返回结果看,isnull()方法返回信息并不全面,因此,可以配合其他函数进一步查看缺失值信息,如利用 isnull().any()具体判断哪些列包含缺失值,该列存在缺失值则返回 True,反之返回 False。或者利用 isnull().sum()查看每列缺失值的数量。

实例1：对于如下二维数组，首先利用 isnull( ) 方法检测数据是否存在缺失值，然后通过 sum( ) 函数汇总各列缺失值的个数。

	item1	item2	item3	item4	item5	item6
0	NaN	1	1.0	1.0	1.0	None
1	2.0	2	NaN	2.0	2.0	None
2	3.0	3	3.0	NaN	3.0	None
3	4.0	4	4.0	NaN	NaN	None
4	5.0	5	NaN	NaN	5.0	None

程序语句如下：

```
import pandas as pd
df=pd.DataFrame({'item1':[None,2,3,4,5],'item2':[1,2,3,4,5],'item3':[1,None,3,
4,None],'item4':[1,2,None,None,None],'item5':[1,2,3,None,5],'item6':[None,None,
None,None,None]})
print(df.isnull())
print(df.isnull().sum())
```

运行结果如下：

	item1	item2	item3	item4	item5	item6
0	True	False	False	False	False	True
1	False	False	True	False	False	True
2	False	False	False	True	False	True
3	False	False	False	True	True	True
4	False	False	True	True	False	True

item1	1
item2	0
item3	2
item4	3
item5	1
item6	5

dtype：int64

当检测到缺失数据存在时,可以对缺失数据进行处理,以备后续数据分析所用。对缺失数据的处理方法,一般有填补缺失值和删除缺失值两种。

实例 2:当缺失数据较多且其重要程度不太高的时候,可以直接使用 dropna()方法删除这些没有价值的数据。

```
df.dropna()
```

运行结果如下:

Empty DataFrame

Columns: [item1, item2, item3, item4, item5, item6]

Index: []

实例 3:当设置 dropna()参数 how 为 all 时,表明只有当某行或某列值都为 NaN 时,才删除整行或整列。其中,参数 axis 默认为 0,表示行,axis=1 表示列。

```
df.dropna(how='all',axis=1)
```

运行结果如下:

	item1	item2	item3	item4	item5
0	NaN	1	1.0	1.0	1.0
1	2.0	2	NaN	2.0	2.0
2	3.0	3	3.0	NaN	3.0
3	4.0	4	4.0	NaN	NaN
4	5.0	5	NaN	NaN	5.0

实例 4:当 dropna()参数 how 设置为 any,axis=0 时,表明只要某行有一个数据为 NaN 时,就删除整行。

```
df.dropna(how='any',axis=0)
```

运行结果如下:

Empty DataFrame

Columns: [item1, item2, item3, item4, item5, item6]

Index: []

实例 5:当 dropna( )参数 how 设置为 any,axis = 1 时,表明只要某列有一个数据为 NaN 时,就删除整列。

```
df.dropna(how='any',axis=1)
```

运行结果如下:

	item2
0	1
1	2
2	3
3	4
4	5

一般情况下,当缺失数据不太多的时候,可以利用 fillna( )方法对缺失数据进行多种类型的填补,如均值填补法、近邻填补法、插值填补法等。

实例 6:均值填补法,即利用各列值的均值填补缺失数据。

```
df.fillna(df.mean())
```

输入结果如下:

	item1	item2	item3	item4	item5	item6
0	3.5	1	1.000000	1.0	1.00	NaN
1	2.0	2	2.666667	2.0	2.00	NaN
2	3.0	3	3.000000	1.5	3.00	NaN
3	4.0	4	4.000000	1.5	2.75	NaN
4	5.0	5	2.666667	1.5	5.00	NaN

实例 7:近邻填补法,即利用缺失值最近邻居的值填补数据,可以将 fillna( )方法的 method 参数设置为 bfill,使用缺失值后面的数据进行填充。

```
df.fillna(method='bfill')
```

运行结果如下:

	item1	item2	item3	item4	item5	item6
0	2.0	1	1.0	1.0	1.0	None
1	2.0	2	3.0	2.0	2.0	None
2	3.0	3	3.0	NaN	3.0	None
3	4.0	4	4.0	NaN	5.0	None
4	5.0	5	NaN	NaN	5.0	None

实例 8：近邻填补法，即利用缺失值最近邻居的值填补数据，可以将 fillna( )方法的 method 参数设置为 ffill，使用缺失值前面的值进行填充。

```
df.fillna(method='ffill')
```

运行结果如下所示：

	item1	item2	item3	item4	item5	item6
0	NaN	1	1.0	1.0	1.0	None
1	2.0	2	1.0	2.0	2.0	None
2	3.0	3	3.0	2.0	3.0	None
3	4.0	4	4.0	2.0	3.0	None
4	5.0	5	4.0	2.0	5.0	None

常见的插值方法有二次多项式插值法、三次样条插值。在利用 Python 进行插值填补操作时，需要安装 SciPy 库，可以采用 pip 方式进行安装，命令如下：

pip install SciPy↙

实例 9：二次多项式插值法，即利用一个二次多项式逼近原目标函数，然后求解该二次多项式的极小点作为原目标函数的近似极小点。

```
df['item5'].interpolate(method="polynomial",order=2)
```

运行结果如下：

0	1.0
1	2.0
2	3.0

3　　4.0

4　　5.0

Name：item5，dtype：float64

实例 10：三次样条插值，即利用一个三次项式逼近原目标函数，然后求解该三次多项式的极小点作为原目标函数的近似极小点。

```
df['item5'].interpolate(method="spline",order=3)
```

运行结果如下：

0　　1.0

1　　2.0

2　　3.0

3　　4.0

4　　5.0

Name：item5，dtype：float64

8.2.2　异常值检测与处理

异常值通常是指与整体数据性质、格式或范围不一致的异常数据。由于大部分数据分析算法对于异常值敏感，数据分析的结果往往存在较大偏差。因此，需要对采集的数据进行异常值检测并进行处理。异常值的检测，往往需要借助条件判定和统计图形进行筛选。

实例 1：某公司的年度业务数据为：

	日期	销量
0	2010	2342
1	2011	2840
2	2012	3349
3	2013	4
4	2014	5845
5	2015	2034

假定设置条件年度销售量不低于 1 000,则异常值检测的条件判定的程序语句如下:

```
df.query("销量>1000")
```

运行结果如下:

	日期	销量
0	2010	2342
1	2011	2840
2	2012	3349
4	2014	5845
5	2015	2034

实例 2:同样对于上面公司的年度业务数据,这次通过数据的统计箱型图观察是否存在异常值。

```
plt.boxplot(df['销量'])
plt.show()
```

运行结果如图 8-1 所示。

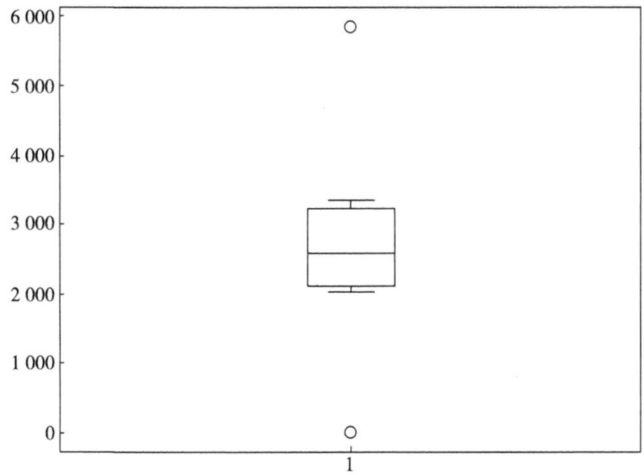

图 8-1　利用数据的统计箱型图进行异常值检测

从图 8-1 可以看出,该数据集中存在两个异常点。观测到异常值后,可以选择适当的办法将其去除。

实例 3:利用 drop( )方法。例如,删除这两个异常点,命令如下:

```
df.drop([3,4],axis=0)
```

运行结果如下:

	日期	销量
0	2010	2342
1	2011	2840
2	2012	3349
5	2015	2034

8.2.3 冗余信息检测与处理

在数据采集过程中,经常会采集到一些重复的冗余数据,这些冗余数据多数情况下对于数据分析不起作用。因此,需要检测这些冗余数据并对其进行有效处理。Python 提供了冗余数据的检测方法 duplicated( )和去除冗余数据的方法 duplicates( )。

实例 1:利用 duplicated( )方法检测冗余的行或列,默认是判断全部列中的值是否全部重复,并返回布尔类型的结果。对于完全没有重复的行,返回值为 False;对于有重复值的行,第一次出现重复的那一行返回 False,其余的返回 True。

对于如下二维数组:

	item1	item2	item3	item4	item5	item6
0	NaN	1	1.0	1.0	1.0	None
1	2.0	2	NaN	2.0	2.0	None
2	3.0	3	3.0	NaN	3.0	None
3	4.0	4	4.0	NaN	NaN	None
4	5.0	5	NaN	NaN	5.0	None
5	2.0	2	NaN	2.0	2.0	None

检测其是否存在冗余数据,程序语句如下:

```
import pandas as pd
import numpy as np
from pandas import DataFrame,Series
df=pd.DataFrame({'item1':[None,2,3,4,5,2],'item2':[1,2,3,4,5,2],'item3':[1,
None,3,4,None,None],'item4':[1,2,None,None,None,2],'item5':[1,2,3,None,5,2],'
item6':[None,None,None,None,None,None]})
print(df.duplicated())
```

运行结果如下:

```
0    False
1    False
2    False
3    False
4    False
5     True
dtype: bool
```

实例 2:利用 duplicates( )方法去除冗余数据,即删除冗余的所有行,默认是判断全部列,命令如下:

```
import pandas as pd
import numpy as np
from pandas import DataFrame,Series
df=pd.DataFrame({'item1':[None,2,3,4,5,2],'item2':[1,2,3,4,5,2],'item3':[1,
None,3,4,None,None],'item4':[1,2,None,None,None,2],'item5':[1,2,3,None,5,2],'
item6':[None,None,None,None,None,None]})
print(df.drop_duplicates())
```

运行结果如下:

	item1	item2	item3	item4	item5	item6
0	NaN	1	1.0	1.0	1.0	None
1	2.0	2	NaN	2.0	2.0	None

2	3.0	3	3.0	NaN	3.0	None
3	4.0	4	4.0	NaN	NaN	None
4	5.0	5	NaN	NaN	5.0	None

8.3 数据的预处理

在对数据进行清洗之后,需要将数据进行预处理。因为,在现实社会中,尤其是大数据时代,我们面临着各种类型的数据,如数值型数据、文本型数据、连续型数据、离散型数据等。而且,这些数据往往是以非结构形式存在的,只有不到 20%的数据是结构化的。因此,需要通过对数据进行分组、分割、合并、变形等预处理操作,得到所需格式的数据。常用的数据预处理的函数及其功能描述总结如表 8-2 所示。

表 8-2 数据预处理常用函数

函数名	功能描述
groupby	将对象分解再应用函数以一定规则聚合
merge	根据一个或多个键将多个 DataFrame 数组合并起来
join	可将两个 DataFrame 中不同列的索引合并为一个 DataFrame
concat	可指定按某个轴将多个对象进行连接
set_index	可以指定某一字段为索引,通过数据透视表对数据进行变形操作
replace	可以对数据中的某些数据项进行替换操作
drop	删除某一数据

8.3.1 数据分组

Python 提供了 groupby( )方法,对数据进行分组。

从某财经网站上采集到如下股票数据:

	代码	名称	涨跌幅	成交量(手)	成交额(万)
0	沪市 A 股	宏图高科	0.10141	484227	18074

1	深市 A 股	华映科技	0. 10169	2356383	56192
2	深市 B 股	建车 B	0. 03681	960	64
3	深市 B 股	大东海 B	0. 04051	3457	143
4	沪市 A 股	福莱特	0. 10095	1054	37
5	深市 A 股	德豪润达	0. 10204	78297	2114
6	沪市 B 股	海创 B 股	0. 03226	6015	19
7	深市 A 股	陕国投 A	0. 10154	2687276	94890
8	沪市 B 股	ST 毅达 B	0. 07692	15119	21

该数据集是 2 维数组,若要将此数组分组,可以将指定字段作为索引。

实例 1:对于上述从某财经网站上采集的股票数据,如按“代码”进行分组。

```
df.groupby('代码').mean()
```

运行结果如下:

	涨跌幅	成交量(手)	成交额(万)
代码			
沪市 A 股	0. 101180	2. 426405e+05	9055. 500000
沪市 B 股	0. 054590	1. 056700e+04	20. 000000
深市 A 股	0. 101757	1. 707319e+06	51065. 333333
深市 B 股	0. 038660	2. 208500e+03	103. 500000

实例 2:对于上述从某财经网站上采集的股票数据,也可以按“代码”进行分组,对指定字段进行访问,如对成交额字段求均值。

```
grouped=df['成交额(万)'].groupby(df['代码'])
print(grouped.mean())
```

运行结果如下:

代码

沪市 A 股　9055. 500000

```
沪市 B 股      20.000000
深市 A 股   51065.333333
深市 B 股     103.500000
Name: 成交额(万), dtype: float64
```

实例 3:也可以按多个字段进行分组,并利用 size( )方法统计各分组的大小。

```
df.groupby(['代码','成交额(万)']).size()
```

运行结果如下:

```
代码      成交额(万)
沪市 A 股    37        1
           18074      1
沪市 B 股    19        1
             21       1
深市 A 股   2114       1
           56192      1
           94890      1
深市 B 股    64        1
            143       1
dtype: int64
```

8.3.2 数据分割

对于如下原始股票数据集

	代码	名称	涨跌幅	成交量(手)	成交额(万)
0	沪市 A 股	宏图高科	0.10141	484227	18074
1	深市 A 股	华映科技	0.10169	2356383	56192
2	深市 B 股	建车 B	0.03681	960	64

3	深市 B 股	大东海 B	0.04051	3457	143
4	沪市 A 股	福莱特	0.10095	1054	37
5	深市 A 股	德豪润达	0.10204	78297	2114
6	沪市 B 股	海创 B 股	0.03226	6015	19
7	深市 A 股	陕国投 A	0.10154	2687276	94890
8	沪市 B 股	ST 毅达 B	0.07692	15119	21

实例 1：如果将第 3 至第 5 行的数据，按“代码”“成交量(手)”进行分割，可以得到满足需求的分割数据。

```
df1=df[3:6][['代码','成交额(万)']]
print(df1)
```

运行结果如下：

	代码	成交额(万元)
3	深市 B 股	143
4	沪市 A 股	37
5	深市 A 股	2114

实例 2：如果将第 4 行至第 8 行的数据，按“代码”“成交额(万元)”进行分割，可以得到满足需求的分割数据。

```
df2=df[4:9][['代码','成交额(万)']]
print(df2)
```

运行结果如下：

	代码	成交额(万)
4	沪市 A 股	37
5	深市 A 股	2114
6	沪市 B 股	19
7	深市 A 股	94890
8	沪市 B 股	21

8.3.3 数据合并

有的时候,需要将一些数据片段进行合并。Python 的 Pandas 库为数据合并操作提供了多种合并方法,如 merge()、join()和 concat()等。

实例 1:merge()方法是根据一个或多个键将多个 DataFrame 数组合并起来,类似数据库连接,包括内连接和外连接的合并方式,外连接又包括左连接和右连接。这些连接方式可以通过参数 how 设置。当不指定参数时,默认使用的是内连接方式。例如,将存储在本地 D 盘的股票数据集"stock. csv"的数据合并起来。

```
import pandas as pd
df=pd.read_csv("D:/stock.csv")
print(df.groupby(['代码','成交额(万)']).size())
df1=df[3:6][['代码','成交额(万)']]
df2=df[4:9][['代码','成交额(万)']]
print(pd.merge(df1,df2))
```

运行结果如下:

	代码	成交额(万)
0	沪市 A 股	37
1	深市 A 股	2114

实例 2:若设置参数 how 为外连接方式,进行数据合并。

```
pd.merge(df1,df2,how='outer')
```

运行结果如下:

	代码	成交额(万)
0	深市 B 股	143
1	沪市 A 股	37
2	深市 A 股	2114
3	沪市 B 股	19

4	深市 A 股	94890
5	沪市 B 股	21

实例 3:利用 join( )方法,也可以将 DataFrame 数组进行合并。

```
import pandas as pd
df=pd.read_csv("D:/stock.csv")
df1=df[3:9][['代码','成交量(手)']]
df2=df[3:9][['名称','成交额(万)']]
print(df1.join(df2))
```

运行结果如下:

	代码	成交量(手)	名称	成交额(万)
3	深市 B 股	3457	大东海 B	143
4	沪市 A 股	1054	福莱特	37
5	深市 A 股	78297	德豪润达	2114
6	沪市 B 股	6015	海创 B 股	19
7	深市 A 股	2687276	陕国投 A	94890
8	沪市 B 股	15119	ST 毅达 B	21

实例 4:同样,也可以利用 concat( )方法将 DataFrame 数组进行合并。

```
pd.concat([df1,df2])
```

运行结果如下:

	代码	名称	成交量(手)	成交额(万)
3	深市 B 股	NaN	3457.0	NaN
4	沪市 A 股	NaN	1054.0	NaN
5	深市 A 股	NaN	78297.0	NaN
6	沪市 B 股	NaN	6015.0	NaN
7	深市 A 股	NaN	2687276.0	NaN
8	沪市 B 股	NaN	15119.0	NaN

3	NaN	大东海 B	NaN	143.0
4	NaN	福莱特	NaN	37.0
5	NaN	德豪润达	NaN	2114.0
6	NaN	海创 B 股	NaN	19.0
7	NaN	陕国投 A	NaN	94890.0
8	NaN	ST 毅达 B	NaN	21.0

8.3.4 数据变形

Python 提供了 set_index()函数,可以指定某一字段为索引,通过数据透视表对数据进行变形操作。本例为存储在本地 D 盘的股票数据集"stock.csv"。

```
import pandas as pd
df=pd.read_csv("D:/stock.csv")
print(df.set_index('名称'))
```

运行结果如下:

	代码	涨跌幅	成交量(手)	成交额(万)
名称				
宏图高科	沪市 A 股	0.10141	484227	18074
华映科技	深市 A 股	0.10169	2356383	56192
建车 B	深市 B 股	0.03681	960	64
大东海 B	深市 B 股	0.04051	3457	143
福莱特	沪市 A 股	0.10095	1054	37
德豪润达	深市 A 股	0.10204	78297	2114
海创 B 股	沪市 B 股	0.03226	6015	19
陕国投 A	深市 A 股	0.10154	2687276	94890
ST 毅达 B	沪市 B 股	0.07692	15119	21

实例:有些时候,在对数据进行处理的时,也可以通过 map()函数将数据转换成期望数据。如将原始股票数据中成交量按"手"为单位变形为以"股"为

单位。

```
import pandas as pd
df=pd.read_csv("D:/stock.csv")
print(df['成交量(手)'].map(lambda  x:x* 100))
```

运行结果如下:

0	48422700
1	235638300
2	96000
3	345700
4	105400
5	7829700
6	601500
7	268727600
8	1511900

Name: 成交量(手), dtype: int64

8.3.5 数据替换

Python 提供了 replace( )方法,可以对数据中的某些数据项进行替换操作。

实例:将原始股票数据集中第一行数据中的成交量 484227 手替换为 48422700 股。

```
import pandas as pd
df=pd.read_csv("D:/stock.csv")
print(df.replace(484227,48422700))
```

运行结果如下:

	代码	名称	涨跌幅	成交量(手)	成交额(万)
0	沪市 A 股	宏图高科	0. 10141	48422700	18074
1	深市 A 股	华映科技	0. 10169	2356383	56192

2	深市 B 股	建车 B	0.03681	960	64
3	深市 B 股	大东海 B	0.04051	3457	143
4	沪市 A 股	福莱特	0.10095	1054	37
5	深市 A 股	德豪润达	0.10204	78297	2114
6	沪市 B 股	海创 B 股	0.03226	6015	19
7	深市 A 股	陕国投 A	0.10154	2687276	94890
8	沪市 B 股	ST 毅达 B	0.07692	15119	21

8.3.6 数据删除

当需要删除某一数据时,可以使用 Python 提供的 drop( )方法进行操作。

实例:删除原股票数据集中的“名称”一列。

```
import pandas as pd
df=pd.read_csv("D:/stock.csv")
print(df.drop('名称',axis=1))
```

运行结果如下:

	代码	涨跌幅	成交量(手)	成交额(万)
0	沪市 A 股	0.10141	484227	18074
1	深市 A 股	0.10169	2356383	56192
2	深市 B 股	0.03681	960	64
3	深市 B 股	0.04051	3457	143
4	沪市 A 股	0.10095	1054	37
5	深市 A 股	0.10204	78297	2114
6	沪市 B 股	0.03226	6015	19
7	深市 A 股	0.10154	2687276	94890
8	沪市 B 股	0.07692	15119	21

8.4 数据类型转换操作

Python 提供了多种数据类型，如整数型 Int( )、文本型 String( )、布尔型(Bool)等。这些不同类型的数据之间可以转换。

实例 1：将原股票数据集中涨跌幅的 float 数据转换成百分号数据。

```
import pandas as pd
df=pd.read_csv("D:/stock.csv")
print(df['涨跌幅'].apply(lambda x:format(x,'.2%')))
```

运行结果如下：

0　　10.14%

1　　10.17%

2　　 3.68%

3　　 4.05%

4　　10.10%

5　　10.20%

6　　 3.23%

7　　10.15%

8　　 7.69%

Name：涨跌幅，dtype：object

实例 2：将原股票数据的“成交额(万元)”由整数型 IntI 转换成浮点数型 Float。

```
import pandas as pd
df=pd.read_csv("D:/stock.csv")
print(df['成交量(手)'].apply(lambda x:float(x)))
```

运行结果如下：

0　　484227.0

```
1    2356383.0
2        960.0
3       3457.0
4       1054.0
5      78297.0
6       6015.0
7    2687276.0
8      15119.0
Name：成交量(手)，dtype：float64
```

8.5 字符串的操作

字符串是数据采集与处理过程中常见的一种数据类型,字符串的基本操作主要包括分割、连接、去除空白或空行、索引、查找、替换和计数,等等。下面我们介绍字符串的基本操作。

实例 1:字符串的分割操作,是指将指定字符串拆分成字符串组,Python 提供了 split()方法,可以将一个字符串按逗号分割成若干个子字符串组成的字符串组。

```
target='北京,西城区,后海北沿,46 号'
result=target.split(',')
print(result)
```

运行结果如下:

['北京', '西城区', '后海北沿', '46 号']

实例 2:字符串的连接,是字符串分割的逆向操作,指将一系列字符串连接成一个字符串,Python 提供了 join()方法,可以用于字符串的连接。

```
target=['北京','西城区','后海北沿','46 号']
    sep='+'
result=sep.join(target)
```

```
print(result)
```

运行结果如下：

北京+西城区+后海北沿+46 号

实例 3：字符串的去除空白或空行操作，是指将指定的字符串去除空白或空行，Python 提供了 strip( ) 函数用于这一操作。

```
target='北京,西城区,后海北沿,   46 号'
result=[val.strip() for val in target.split(',')]
print(result)
```

运行结果如下：

['北京', '西城区', '后海北沿', '46 号']

实例 4：字符串的索引操作，是指检测字符串中是否包含子字符串，并返回子字符串所在的位置。Python 提供了 index( ) 函数，用于这一操作。

```
target='北京,西城区,后海北沿,46 号'
result=target.index('沿')
print(result)
```

运行结果如下(字符串的索引下标从数字 0 开始)：

10

实例 5：字符串的查找操作，是指检测字符串中是否包含子字符串，并返回子字符串所在位置。Python 提供了 find( ) 方法，用于这一操作。

```
target='北京,西城区,后海北沿,46 号'
result=target.find('沿')
print(result)
```

运行结果如下：

10

与 index( ) 方法的区别在于，find( ) 方法如果没有找到子字符串，返回值为-1，而 index( ) 方法会抛出 ValueError 的异常。

实例 6：字符串的替换操作，是指将字符串中的某个子字符串替换为指定的内容，Python 提供了 replace( ) 方法，用于实现这一操作。

```
target='北京,西城区,后海北沿,46 号'
result=target.replace('西城区','东城区,')
print(result)
```

运行结果如下:

北京,东城区,,后海北沿,46 号

实例 7:字符串的计数操作,是指计算指定的子字符串在整个字符串中出现的次数,Python 提供了 count()方法,用于计数。

```
target='北京,西城区,后海北沿,46 号'
result=target.count('北')
print(result)
```

运行结果如下:

2

8.6 时序数据处理

从时间角度划分,数据可以分为时序数据和截面数据。其中,时序数据是我们经常会面临的一种数据类型,如股票数据、天气数据等。因此,如何处理时序数据显得十分重要。常用的时序数据处理函数总结如表 8-3 所示。

表 8-3 处理时序数据常用函数

函数名	功能描述
Mktime	对数据加盖时间戳
Strftime	将时间戳转换成系统时间
data_range	返回固定频率的时间索引
common_timezones	获取所有时区的函数
Timezone	获取时间对象的时区
tz_localize	为某个数据集赋予时区的方法
tz_convert	转换到某个时区的方法

8.6.1 日期和时间的数据类型

有的时候,我们需要对数据加盖时间戳。此时可以应用 Python 提供的 mktime( )函数。

实例 1:对当前系统时间的转换,程序语句如下:

```
import time
print(time.mktime(time.localtime()))
```

运行结果如下:

1550717483.0

实例 2:利用 strftime( )函数可以将时间戳转换成系统时间。

```
import pandas as pd
import time
print(time.strftime('% Y-% m-% d'),time.localtime(1550717483.0))
```

运行结果如下:

2019-02-21 time.struct_time(tm_year=2019, tm_mon=2, tm_mday=21, tm_hour=10, tm_min=51, tm_sec=23, tm_wday=3, tm_yday=52, tm_isdst=0)

8.6.2 时间序列基础

时间序列是指在一定时间范围内,各个时间点上所形成的数据序列。Pandas 提供了 data_range( )函数用于返回固定频率的时间索引,其包含不同的参数类型。

实例 1:可以根据指定的起止时间生成时间序列,例如,生成起止时间,范围在 2019-01-01 到 2019-01-31 区间的时间序列。

```
import pandas as pd
result=pd.date_range(start='2019-01-01',end='2019-01-31')
   print(result)
```

运行结果如下:

DatetimeIndex(['2019-01-01', '2019-01-02', '2019-01-03', '2019-01-04','2019-01-05', '2019-01-06', '2019-01-07', '2019-01-08','2019-01-09', '2019-01-10', '2019-01-11', '2019-01-12','2019-01-13', '2019-01-14', '2019-01-15', '2019-01-16','2019-01-17', '2019-01-18', '2019-01-19', '2019-01-20','2019-01-21', '2019-01-22', '2019-01-23', '2019-01-24','2019-01-25', '2019-01-26', '2019-01-27', '2019-01-28','2019-01-29', '2019-01-30', '2019-01-31'],

dtype='datetime64[ns]', freq='D')

实例 2：根据起止时间，并指定时间段数量，如将 2019-01-01 到 2019-01-31 期间分成 10 个时间点组成的时间序列。

```
import pandas as pd
result=pd.date_range(start='2019-01-01',end='2019-01-31',periods=10)
    print(result)
```

运行结果如下所示：

DatetimeIndex(['2019-01-01 00:00:00','2019-01-04 08:00:00', '2019-01-07 16:00:00','2019-01-1100:00:00','2019-01-14 08:00:00', '2019-01-17 16:00:00','2019-01-21 00:00:00', '2019-01-24 08:00:00','2019-01-27 16:00:00', '2019-01-31 00:00:00'],dtype='datetime64[ns]', freq=None)

实例 3：根据开始时间和指定时间段数目生成时间序列，如设置起始时间为 2019-01-01，并指定时间段数目为 10。

```
import pandas as pd
result=pd.date_range(start='2019-01-01',periods=10)
print(result)
```

运行结果如下：

DatetimeIndex(['2019-01-01', '2019-01-02', '2019-01-03', '2019-01-04','2019-01-05', '2019-01-06', '2019-01-07', '2019-01-08','2019-01-09', '2019-01-10'],dtype='datetime64[ns]', freq='D')

8.6.3 日期的范围、频率以及移动

根据指定的频率生成时间序列,此时需要在 data_range( )函数中显示设置参数 freq,其值可以为 D、H,分别表示按天和小时为频率生成的事件序列。Python 提供了 data_range( )方法,允许用户创建时间序列,其中,参数 periods 指定时间序列的时间范围,参数频率 freq 指定计时单位。

实例 1:如 freq = D 表示以自然日为单位,程序语句如下:

```
import pandas as pd
import time
import datetime
print(pd.date_range("2019-2-21",periods=31,freq='D'))
```

运行结果如下:

DatetimeIndex(['2019-02-21', '2019-02-22', '2019-02-23', '2019-02-24','2019-02-25', '2019-02-26', '2019-02-27', '2019-02-28','2019-03-01', '2019-03-02', '2019-03-03', '2019-03-04','2019-03-05', '2019-03-06', '2019-03-07', '2019-03-08','2019-03-09', '2019-03-10', '2019-03-11', '2019-03-12','2019-03-13', '2019-03-14', '2019-03-15', '2019-03-16','2019-03-17', '2019-03-18', '2019-03-19', '2019-03-20','2019-03-21', '2019-03-22', '2019-03-23'], dtype='datetime64[ns]', freq='D')

实例 2:如 freq = H 表示按小时生成序列。

```
import pandas as pd
import time
import datetime
print(pd.date_range("2019-2-21",periods=31,freq='H'))
```

运行结果如下:

DatetimeIndex(['2019-02-21 00:00:00', '2019-02-21 01:00:00',
'2019-02-21 02:00:00', '2019-02-21 03:00:00',
'2019-02-21 04:00:00', '2019-02-21 05:00:00',
'2019-02-21 06:00:00', '2019-02-21 07:00:00',

'2019-02-21 08:00:00', '2019-02-21 09:00:00',
'2019-02-21 10:00:00', '2019-02-21 11:00:00',
'2019-02-21 12:00:00', '2019-02-21 13:00:00',
'2019-02-21 14:00:00', '2019-02-21 15:00:00',
'2019-02-21 16:00:00', '2019-02-21 17:00:00',
'2019-02-21 18:00:00', '2019-02-21 19:00:00',
'2019-02-21 20:00:00', '2019-02-21 21:00:00',
'2019-02-21 22:00:00', '2019-02-21 23:00:00',
'2019-02-22 00:00:00', '2019-02-22 01:00:00',
'2019-02-22 02:00:00', '2019-02-22 03:00:00',
'2019-02-22 04:00:00', '2019-02-22 05:00:00',
'2019-02-22 06:00:00'],
dtype='datetime64[ns]', freq='H')

8.6.4 时区处理

由于同一时间在不同时区表示不同,因此,在进行跨时区数据处理时,首先要将某一时区的数据转换到指定时区。Python 提供了处理时区数据的库 pytz,pytz 库中包含了一系列用于处理时区数据的函数,如获取所有时区的函数 common_timezones(),获取时间对象的 timezone(),为某个数据集赋予时区的方法 tz_localize(),以及转换到某个时区的方法 tz_convert(),等等,下面我们通过实例学习这些方法。

实例 1:获取所有时区的函数 common_timezones(),如获取 10 个时区名称。

```
import pytz
result=pytz.common_timezones[-10:]
print(result)
```

运行结果如下:

['Pacific/Wake', 'Pacific/Wallis', 'US/Alaska', 'US/Arizona', 'US/Central', 'US/Eastern', 'US/Hawaii', 'US/Mountain', 'US/Pacific', 'UTC']

实例 2:将某个数据集赋予指定时区,如生成某个时间序列数据,并指定其在 UTC 时区。

```
import pytz
import pandas as pd
import numpy as np
rng = pd.date_range('01/01/2019 20:30',periods=5,freq='D')
ts = pd.Series(np.random.randn(len(rng)),index=rng)
result = ts.tz_localize('UTC')
print(result)
```

运行结果如下:

```
2019-01-01 20:30:00+00:00     0.807817
2019-01-02 20:30:00+00:00    -0.683362
2019-01-03 20:30:00+00:00     0.931627
2019-01-04 20:30:00+00:00    -0.016406
2019-01-05 20:30:00+00:00    -0.506093
Freq: D, dtype: float64
```

实例 3:将某个时区的数据集转换到另一个指定时区,例如,将上述 UTC 时区的数据转换为 US/Eastern 时区数据。

```
import pytz
import pandas as pd
import numpy as np
rng = pd.date_range('01/01/2019 20:30',periods=5,freq='D')
ts = pd.Series(np.random.randn(len(rng)),index=rng)
ts_utc = ts.tz_localize('UTC')
result = ts_utc.tz_convert('US/Eastern')
print(result)
```

运行结果如下:

```
2019-01-01 15:30:00-05:00     0.432694
2019-01-02 15:30:00-05:00     1.390520
2019-01-03 15:30:00-05:00     0.748426
```

```
2019-01-04 15:30:00-05:00    0.547323
2019-01-05 15:30:00-05:00    0.024218
Freq: D, dtype: float64
```

8.7 分类字符串数据的量化处理

在海量数据的采集与处理中,字符串型数据也是一种常见的数据类型。在分类字符串数据的处理中,常见的一些函数及功能描述总结如表 8-4 所示。

表 8-4 处理分类字符串数据的常用函数

函数名	功能描述
stack	将二维的 DataFrame 数组进行转置重塑
unstack	还原转置重塑操作
pivot	为数据提供轴向旋转方法

8.7.1 层次化索引

Python 中对数据的层次化索引,即在一个轴上可以拥有多个(两个以上)索引级别。类似于 Excel 中的合并单元格功能。

实例:使用 MultiIndex. from_product( ),根据多个可迭代项的笛卡尔积建立多重索引(两个集合 A、B, A 与 B 的笛卡尔积就是 A 的所有元素乘以 B 的所有元素的集合)。

```
import pandas as pd
import numpy as np
df = pd. DataFrame (np. random. randint (0, 100, size = (8, 4)), columns = pd.
MultiIndex.from_product ([['模拟考','正式考'], ['math','physics']]), index = pd.
MultiIndex.from_product([['期中','期末'],['James','Lily'],['test1','test2']]))
print(df)
```

运行结果如下:

			模拟考		正式考	
			math	physics	math	physics
期中	James	test1	13	0	86	80
		test2	65	2	3	41
	Lily	test1	27	11	70	59
		test2	66	72	16	68
期末	James	test1	39	28	59	78
		test2	7	22	93	79
	Lily	test1	5	1	13	9
		test2	42	15	52	25

8.7.2 重塑和轴向旋转

Python 还提供了 stack( )方法将二维的 DataFrame 数组进行转置重塑,以及 unstack( )方法还原转置重塑。

实例 1:使用存储在本地 D 盘中的股票数据“stock. csv”,进行转置重塑操作。

```
import pandas as pd
df=pd.read_csv("D:/stock.csv")
print(df.stack())
```

运行结果如下:

0	代码	沪市 A 股
	名称	宏图高科
	涨跌幅	0. 10141
	成交量(手)	484227
	成交额(万)	18074
1	代码	深市 A 股
	名称	华映科技

	涨跌幅	0.10169
	成交量(手)	2356383
	成交额(万)	56192
2	代码	深市 B 股
	名称	建车 B
	涨跌幅	0.03681
	成交量(手)	960
	成交额(万)	64
3	代码	深市 B 股
	名称	大东海 B
	涨跌幅	0.04051
	成交量(手)	3457
	成交额(万)	143
4	代码	沪市 A 股
	名称	福莱特
	涨跌幅	0.10095
	成交量(手)	1054
	成交额(万)	37
5	代码	深市 A 股
	名称	德豪润达
	涨跌幅	0.10204
	成交量(手)	78297
	成交额(万)	2114
6	代码	沪市 B 股
	名称	海创 B 股
	涨跌幅	0.03226
	成交量(手)	6015

```
    成交额(万)      19
7   代码           深市 A 股
    名称           陕国投 A
    涨跌幅         0.10154
    成交量(手)     2687276
    成交额(万)     94890
8   代码           沪市 B 股
    名称           ST 毅达 B
    涨跌幅         0.07692
    成交量(手)     15119
    成交额(万)     21
dtype: object
```

实例 2:使用存储在本地 D 盘中的股票数据“stock.csv”,进行还原转置重塑操作。

```
import pandas as pd
df=pd.read_csv("D:/stock.csv")
print(df.stack().unstack())
```

运行结果如下:

	代码	名称	涨跌幅	成交量(手)	成交额(万)
0	沪市 A 股	宏图高科	0.10141	484227	18074
1	深市 A 股	华映科技	0.10169	2356383	56192
2	深市 B 股	建车 B	0.03681	960	64
3	深市 B 股	大东海 B	0.04051	3457	143
4	沪市 A 股	福莱特	0.10095	1054	37
5	深市 A 股	德豪润达	0.10204	78297	2114
6	沪市 B 股	海创 B 股	0.03226	6015	19

7	深市 A 股	陕国投 A	0. 10154	2687276	94890
8	沪市 B 股	ST 毅达 B	0. 07692	15119	21

实例 3：Python 还为数据提供了轴向旋转方法 pivot( )，其形式为 pivot(index，columns，values)：将 index 指定为行索引，columns 是列索引，values 则是 DataFrame 中的值。以如下股票数据为例：

	代码	名称	涨跌幅
0	沪市 A 股	宏图高科	0. 10141
1	深市 A 股	华映科技	0. 10169
2	深市 B 股	建车 B	0. 03681
3	沪市 B 股	海创 B 股	0. 03226

将股票的"代码"作为行索引，"名称"作为列索引，进行轴向变换。

```
import pandas as pd
df = pd.DataFrame({'代码':['沪市 A 股','深市 A 股','深市 B 股','沪市 B 股'],'名称':['宏图高科','华映科技','建车 B','海创 B 股'],'涨跌幅':[0.10141,0.10169,0.03681,0.03226]})
print(print(df.pivot('代码','名称','涨跌幅')))
```

运行结果如下：

名称	华映科技	宏图高科	建车 B	海创 B 股
代码				
沪市 A 股	NaN	0. 10141	NaN	NaN
沪市 B 股	NaN	NaN	NaN	0. 03226
深市 A 股	0. 10169	NaN	NaN	NaN
深市 B 股	NaN	NaN	0. 03681	NaN

8.7.3 one-hot 编码

One-hot 编码，也称独热编码，广泛应用在数字电路和机器学习领域。这种编码方式是指有多少个状态就采用多少个比特位，且只有一个比特位为 1，其他全为 0 表示的一种编码机制。如 5 个状态的 one-hot 编码为：00001、01000、

00100、00010、00001。

Python 中的 sklearn 模块提供了 one-hot 编码方法 OneHotEncoder( ),可以将原始数据转换为 one-hot 编码数据。相比于 Python 提供的 Map( )编码方式,one-hot 编码方式适用于离散特征的取值是无序关系的数据。

假如在对天气数据进行分析时,天气数据包括三个属性:天气、温度和湿度。这三个属性的取值是离散的,分别为

天气:晴朗、多云、有雨;

温度:高温、正常;

湿度:潮湿、不潮湿。

若采用普通数字进行编码,则天气有三个属性值,分别用 0、1、2 表示;温度有两个属性值,分别用 0、1 表示;湿度有两个属性值,分别用 0、1 表示。这样,对于某一个样本“有雨、高温、不潮湿”进行编码,则编码结果应为[2,0,1];然而,采用 one-hot 编码,对于某一个样本“有雨、高温、不潮湿”进行编码,编码结果如下,“有雨”对应着[0,0,1],“高温”对应着[1,0],“不潮湿”对应着[0,1]。因此,完整的 one-hot 编码结果为[0,0,1,1,0,0,1]。采用 Python 进行数据的 one-hot 编码,需安装 scikit-learn 库,可以采用 pip 安装方式,命令如下:

pip install scikit-learn↙

实例:对指定的数组进行独热编码程序。程序语句如下:

```
from sklearn import preprocessing
enc = preprocessing.OneHotEncoder()
enc.fit([[2,0,1],[1,1,0],[0,1,0],[0,0,1]])
array = enc.transform([[2, 0, 1]]).toarray()
print(array)
```

原数组结构如下:

[[2, 0, 1], [1, 1, 0], [0, 1, 0], [0, 0, 1]]

采用独热编码后的运行结果如下:

[[0. 0. 1. 1. 0. 0. 1.]]

本章习题

1. 从财经网站上采集沪市A股股票,以及开盘价、收盘价、最高价、最低价、市销率、市盈率数据,并进行基本的数据预处理。

2. 利用Pandas生成起止时间范围在2019-01-01到2019-01-31区间的时间序列。

3. 假设某公司有四种产品,每个产品有三个属性,产品和属性间的对应关系如下表所示,试用one-hot编码,对此产品进行编码。

	属性1	属性2	属性3
产品1	1	4	3
产品2	2	3	2
产品3	1	2	2
产品4	2	1	1

4. 对于如下数据,检测其是否存在异常值。data = pd. DataFrame({'name':['A','B','C','D','E','F','G'],'cost':[2,127,4,6,3,13,14],'sales':[13,18,32,54,23,33,44]})。

5. 编写代码,对" Hello, World! This is an example. ", "Another\tExample\nwith special characters!!!", "Replace THIS old_pattern with new one."数据进行清洗,包括去除空白字符、转换大小写、替换特定模式的字符串。

9 综合案例

学习目标

1. 了解数据的反爬虫机制;
2. 掌握使用数据采集知识进行综合案例分析的能力。

本章根据前面各章所学内容,进行综合案例分析。数据采集的方式多种多样,并且根据目标数据源网站的反爬虫机制不同而具备不同的可行性。本章根据两个领域的数据采集需求,提供了不同的数据采集方案,以供参考借鉴。当然,具体哪一种数据采集方法更佳,需要具体问题具体分析。

9.1 金融新闻数据的采集与处理

第一部分以财经资讯信息网站“和讯网”为目标数据源,进行定制化新闻数据采集。这里,我们将结合前面各章所学习的 requests 库和 BeautifulSoup 库对目标数据源网站进行数据采集。

实例 1:采用 requests 库解析目标数据源 url,建立通信关系。

```
def get_web_data(url):
headers ={'User-Agent':'Mozilla/5.0 (Windows NT 10.0; Win64; x64) AppleWebKit/
        537.36 (KHTML, like Gecko) Chrome/131.0.0.0 Safari/537.36'}
html = requests.get(url, headers=headers)
    Encoding = chardet.detect(html.content)['encoding']
    html.encoding = Encoding
    web_data = html.text
    return web_data
```

实例 2：利用 Python 提供的 BeautifulSoup 库，解析从目标数据源网站返回的网页信息。

```
#筛选我们想要的项目标题 titles
def get_titles(web_data):
    title_hrefs = {}
    soup = BeautifulSoup(web_data, 'lxml')
    titles_data = soup.find_all({'a', {'target': '_blank'}})
    for title in titles_data:
        title_text = title.get_text()
        if len(title_text) >= 10:
            if title.has_attr('href'):
                href = title['href']
            else:
                href = 'Can not find link...'
            title_hrefs[title_text] = href
    return title_hrefs
```

实例 3：定制所要采集的新闻数据关键词，如“涨”。

```
#返回带有指定关键词的标题链接
def get_result(title_hrefs, key_words):
    result = {}
    for title in title_hrefs:
        if key_words in title:
            result[title] = title_hrefs[title]
    return result
if __name__=='__main__':
    web_data = get_web_data("http://news.hexun.com/")
    titles = get_titles(web_data)
    key_words = '涨'
    result = get_result(titles, key_words)
    print(result)
```

实例 4：从和讯网的新闻数据中采集到带有关键词“涨”的新闻数据。

```
import requests
import requests
import chardet
from bs4 import BeautifulSoup
def get_web_data(url):
     headers = {'User-Agent':'Mozilla/5.0 (Windows NT 10.0; Win64; x64)
AppleWebKit/537.36 (KHTML, like Gecko) Chrome/131.0.0.0 Safari/537.36'}
    html = requests.get(url, headers=headers)
    Encoding = chardet.detect(html.content)['encoding']
    html.encoding = Encoding
    web_data = html.text
    return web_data

def get_titles(web_data):
    title_hrefs={}
    soup=BeautifulSoup(web_data, 'lxml')
    titles_data=soup.find_all({'a':{'target':'_blank'}})
    for title in titles_data:
     title_text=title.get_text()
     if len(title_text)>=10:
        if title.has_attr('href'):
            href=title['href']
        else:
            href='Cannotfindlink...'
        title_hrefs[title_text]=href
    return title_hrefs

def get_result(title_hrefs,key_words):
    result={}
    for title in title_hrefs:
     if key_words in title:
        result[title]=title_hrefs[title]
    return result
if __name__=="__main__":
```

```
web_data=get_web_data("http://news.hexun.com/")
titles=get_titles(web_data)
key_words='涨'
result=get_result(titles,key_words)
print(result)
```

运行结果如下:

{'外资增配中国资产 看涨期权水涨船高': 'http://funds.hexun.com/2025-01-20/216910933.html', '和讯投顾高璐明:中概股大涨,A50 拉升! 今天会涨吗? ': 'http://stock.hexun.com/2025-01-20/216913717.html', 'A 股异动! 1 分钟,垂直涨停! 这个板块,大幅拉升': 'http://stock.hexun.com/2025-01-20/216921078.html', '9 月 25 日国内黄金期货涨 0.29%': 'http://gold.hexun.com/2023-09-25/210359290.html', '期货午评:氧化铝涨超 3%,豆油、集运指数、豆二、纸浆、棕榈油、沪锌、尿素涨超 1%,烧碱跌超 4%,焦煤、焦炭跌超 2%,沪银跌 2%': 'http://futures.hexun.com/2025-01-20/216915630.html', '地产境内债涨幅扩大,“20 中骏 02”涨超 16%': 'http://bond.hexun.com/2024-04-01/212385407.html', '港股锂电池股拉升,比亚迪股份涨 5%,比亚迪电子涨 4%,中航创新、天能动力、赣锋锂业涨 2%! 去年锂电池装车量大增': 'http://auto.hexun.com/2025-01-20/216915855.html', '港股午评:恒指涨 2.33%恒生科指涨 3.17%! 京东大涨 7%,美团、阿里巴巴涨 6%,百度涨 4%,药明康德涨 7%,蔚来涨 5%': 'http://tech.hexun.com/2025-01-20/216916137.html'}

9.2 获取新浪财经数据

新浪财经是一个包含丰富财经信息的网站,涵盖了股票、基金、债券、期货、外汇、宏观经济数据等财经领域的信息。通过网络爬虫技术对新浪财经进行数据爬取,可以帮助用户获取各种金融市场数据,为金融分析、投资决策、市场研究、学术研究等提供数据支持。例如,可以收集股票的实时价格、历史价格、财务报表、行业分析报告等信息,或者提取宏观经济指标数据、汇率波动信息、大宗商品价格走势等,以辅助投资者、分析师和研究人员进行趋势预测、风险评估、资产估值等操作。下面以新浪财经 K 线数据为例,介绍爬取思路。

9.2.1 确定目标数据 URL

首先需要明确想要从新浪财经网站上获取的具体数据,是特定股票的信息,还是特定板块的行情数据,抑或是宏观经济数据等。不同的数据可能存储在不同的页面或具有不同的页面结构,会影响后续的数据采集。这里我们采集的是 K 线数据,所以确定显示纸浆 K 线数据的页面,url:https://finance.sina.com.cn/futures/quotes/SP0.shtml,页面核心部分如图 9-1 所示。

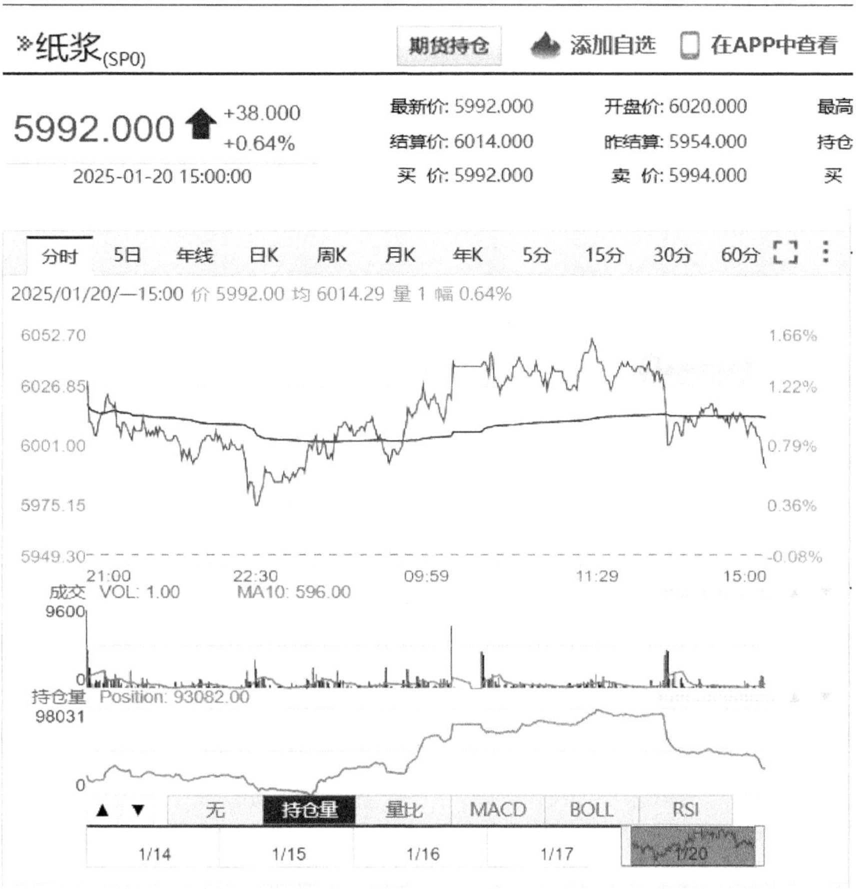

图 9-1 纸浆 K 线数据页面

9.2.2 分析网页结构

使用浏览器的开发者工具（如 Chrome 的开发者工具）检查网页，找到包含 K 线数据的元素，查看其 HTML 结构，注意元素的标签、类名、ID 等属性，以及其在页面中的层次关系，分析页面日志如图 9-2 所示。

图 9-2　页面日志

9.2.3 数据采集

分析后进行代码编写，如下所示：

```
import requests
import re
import json
import csv
#打开 CSV 文件，设置文件模式为追加，编码为 utf-8，去除多余空行
f=open('年线 data.csv',mode='a',encoding='utf-8',newline='')
#创建一个 CSV 字典写入器，指定列名
csv_writer=csv.DictWriter(f, fieldnames=[
    '日期',
    '开盘',
    '最高',
```

```
    '最低',
    '收盘',
    '成交量',
    '均价',
])
#写入 CSV 文件的表头
csv_writer.writeheader()
#目标 URL
Url = 'https://stock2. finance. sina. com. cn/futures/api/jsonp. php/var% 20 _
SP02022_6_7=/InnerFuturesNewService.getDailyKLine? symbol=SP0&_=2022_6_7'
#请求头,模拟浏览器请求
headers={
'user-agent':'Mozilla/5.0 (Windows NT 10.0; Win64; x64) AppleWebKit/537.36
(KHTML, like Gecko) Chrome/131.0.0.0 Safari/537.36'}
#发送 GET 请求,获取网页内容
html_data=requests.get(url=url,headers=headers).text
#打印网页内容
print(html_data)
#使用正则表达式提取花括号内的内容
content=re.findall('\{(.* ?)\}',html_data)
#遍历提取到的内容
for indexb in content:
#将提取的内容补充为完整的 JSON 格式
    index_dict='{'+index+'}'
    #将 JSON 字符串解析为字典
    dit=json.loads(index_dict)
    #打印解析后的字典
    print(dit)
    #将字典中的数据整理为 CSV 行所需的数据结构
    dit_content={
      '日期':dit['d'],
      '开盘':dit['o'],
      '最高': dit['h'],
      '最低': dit['l'],
```

```
    '收盘':dit['c'],
    '成交量':dit['v'],
    '均价':dit['s'],
  }
  #将数据写入 CSV 文件
  csv_writer.writerow(dit_content)
```

CSv 结果如下：

Delimiter: ,

	日期	开盘	最高	最低	收盘	成交量	均价
1231	2023-12-21	5788.000	5818.000	5740.000	5800.000	400151	5780.000
1232	2023-12-22	5780.000	5896.000	5770.000	5804.000	482415	5830.000
1233	2023-12-25	5780.000	5876.000	5758.000	5798.000	388470	5816.000
1234	2023-12-26	5810.000	5824.000	5708.000	5724.000	403295	5772.000
1235	2023-12-27	5722.000	5810.000	5706.000	5796.000	421825	5746.000
1236	2023-12-28	5802.000	5828.000	5752.000	5774.000	364706	5790.000
1237	2023-12-29	5766.000	5778.000	5628.000	5640.000	473379	5706.000
1238	2024-01-02	5650.000	5858.000	5642.000	5854.000	393676	5786.000
1239	2024-01-03	5858.000	5982.000	5834.000	5948.000	491413	5888.000
1240	2024-01-04	5948.000	5992.000	5846.000	5882.000	482453	5920.000
1241	2024-01-05	5900.000	5900.000	5782.000	5872.000	459627	5844.000
1242	2024-01-08	5856.000	5932.000	5790.000	5810.000	524721	5854.000
1243	2024-01-09	5800.000	5832.000	5722.000	5742.000	434231	5762.000
1244	2024-01-10	5758.000	5792.000	5656.000	5680.000	458469	5728.000
1245	2024-01-11	5680.000	5740.000	5674.000	5716.000	322366	5712.000
1246	2024-01-12	5718.000	5752.000	5650.000	5722.000	460021	5704.000
1247	2024-01-15	5740.000	5760.000	5670.000	5730.000	454724	5714.000
1248	2024-01-16	5722.000	5816.000	5688.000	5732.000	455398	5760.000

9.2.4 案例分析

本次案例实践中，我们深入分析了一段 Python 代码，该代码旨在从新浪财经网站获取特定的期货数据，并将其存储为 CSV 文件。此代码综合运用了多个 Python 库，展示了网络爬虫和数据存储的典型操作流程，是一个非常实用的案例。虽然它实现了基本功能，但在健壮性、可维护性和性能方面还有改进的空间。通过对代码的分析，我们可以看到如何优化代码，以应对可能出现的各种问题，包括异常处理、数据完整性检查、API 结构变化以及性能优化等。在实际开发中，我们应该不断优化代码，以确保程序能够稳定、高效地运行，同时遵守相关法律法规和网站的服务条款，避免触发反爬虫机制。希望通过这个案例，学生可以更好地理解数据采集和数据处理的原理和实践，在今后的开发过程中注意上述问题，开发出更优秀的程序。

本章习题

1. 请在网址 http://tianqi. 2345. com/,爬取上海各区 2015—2018 年每月的温度数据,包括日期、高温、低温、天气、风向、风力。

2. 请在网址 http://finance. ifeng. com/app/hq/stock/sh000001/,采集沪深 300 市场任意 5 只股票交易数据,包括开盘价、收盘价、最低价、最高级、涨跌幅、换手率。

3. 访问豆瓣电影 https://movie. douban. com/top250,获取每部电影的中文片名、排名、评分及其对应的链接,按照"排名-中文片名-评分-链接"的格式显示在屏幕上。